L'ART DE RÉSOUDRE LES PROBLÈMES DE MATHÉMATIQUES

AF859854

Collection *S*

1. Jean-Pierre Boudine, *L'appel des maths, tome 1. Nombres*
2. Terence Tao, *L'art de résoudre les problèmes de mathématiques.*
3. Jean-Pierre Boudine, *L'appel des maths, tome 2. Géométrie plane*

TERENCE TAO

L'art de résoudre les problèmes de mathématiques

Traduit de l'anglais par Frédéric André

CASSINI

Frédéric André est professeur de mathématiques au lycée d'Alès.

Traduction de la 2e édition de *Solving Mathematical Problems: A Personal Perspective,* Oxford University Press, 2006.

ISBN 978-2-84225-258-8

© Terence Tao, 2006
© Cassini, 2020, pour la traduction

Photographie de couverture : Terence Tao à 10 ans avec Paul Erdős en 1985 à Adélaïde (Australie).

Dédié à tous mes mentors qui m'ont appris le sens (et les joies) des mathématiques.

Table des matières

Préface de la première édition

Proclus, un philosophe grec de l'Antiquité, disait :

> « Voilà ce qu'est la mathématique : elle est la réminiscence des formes invisibles qui sont dans l'âme ; elle impulse notre connaissance innée, actualise notre pensée intuitive, purifie notre pensée discursive et fait apparaître les idées qui par essence sont en nous ; elle nous débarrasse de l'oubli et de l'ignorance qui nous viennent de la génération... »

Quant à moi, j'aime les mathématiques tout simplement parce qu'elles sont un pur plaisir.

Les problèmes de mathématiques, les jeux mathématiques et certains casse-têtes sont importants pour les mathématiques réelles (celles qui servent à résoudre des problèmes concrets, par exemple), exactement de la même manière que les fables, les histoires et les anecdotes aident les jeunes gens à prendre conscience des réalités de la vie. Les problèmes de mathématiques sont des mathématiques « épurées » : on a déjà trouvé une solution élégante, et la question posée est formulée d'une façon qui invite à la réflexion. Si l'on compare les mathématiques à la prospection aurifère, alors résoudre un bon problème de mathématiques est comme une leçon de « cache-cache » pour chercheur d'or : on dissimule une pépite que vous devez trouver, mais vous savez à quoi elle ressemble, qu'elle est cachée quelque part par là, qu'elle n'est pas trop difficile à atteindre, que vous avez les capacités nécessaires pour la déterrer, et qu'on vous a fourni opportunément l'équipement adéquat (c'est-à-dire les données du problème) pour réussir. Elle pourrait être cachée dans un endroit insolite, mais sa découverte nécessitera de l'ingéniosité plutôt que des fouilles systématiques.

Dans cet ouvrage, je m'applique à résoudre une sélection de problèmes de niveaux variés et provenant de diverses branches des mathématiques. Une étoile (⋆) indique un problème de difficulté supérieure, parce que des mathématiques plus avancées, ou un raisonnement plus habile, sont nécessaires; il en est de même pour les problèmes à deux étoiles (⋆⋆), à un degré encore plus élevé. À la suite de certains problèmes, on trouve des exercices supplémentaires qui peuvent être résolus de manière analogue ou qui mettent en jeu une méthode mathématique similaire. Tout en résolvant ces problèmes, j'essaierai de dévoiler quelques-unes des ficelles du métier. Deux des armes principales – l'expérience et le savoir – ne trouvent pas facilement leur place dans un livre : elles s'acquièrent dans la durée. Mais il y a beaucoup d'astuces plus simples qui demandent moins de temps pour être apprises. Il y a ainsi des façons de considérer un problème qui simplifient la découverte d'un plan d'attaque réalisable. Il existe aussi des manières systématiques de réduire successivement un problème en sous-problèmes plus simples. Pourtant, d'un autre côté, résoudre le problème n'est pas une fin en soi. Considérons à nouveau l'image de la pépite d'or : creuser le sous-sol alentour à grands renforts de bulldozers est plus grossier que de réaliser une étude minutieuse, un peu de géologie et quelques fouilles. Une solution devrait être assez courte, compréhensible, et posséder idéalement une touche d'élégance . Elle devrait aussi être amusante à découvrir. Transformer une gentille petite question de géométrie en appliquant aveuglément les méthodes de la géométrie analytique n'offre pas la même sensation victorieuse qu'une solution vectorielle de deux lignes.

Comme exemple d'élégance, voici un résultat classique de géométrie euclidienne :

Montrez que les médiatrices d'un triangle sont concourantes.

Ce court problème, d'une ligne seulement, peut être abordé par la géométrie analytique. Essayez donc pendant quelques minutes (ou heures ?), puis regardez cette solution :

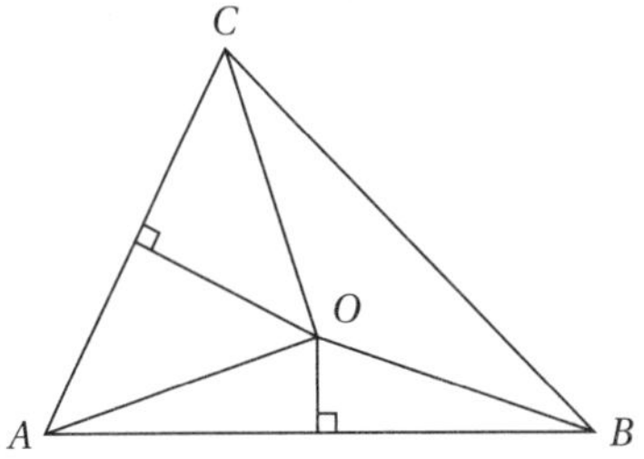

Démonstration. Appelons le triangle ABC. Soit O le point d'intersection des médiatrices des segments $[AB]$ et $[AC]$. Comme O appartient à la médiatrice de $[AB]$, $AO = OB$. Comme O appartient à la médiatrice de $[AC]$, $AO = OC$. En combinant les deux égalités, on a $BO = OC$, ce qui implique que O doit appartenir à la médiatrice de $[BC]$. Par conséquent, les trois médiatrices sont concourantes. (Au passage, O est le centre du cercle circonscrit au triangle ABC.) □

La figure ci-dessous (extraite de la précédente) montre pourquoi $AO = OB$ si O appartient à la médiatrice de $[AB]$: les triangles isométriques permettent de conclure aisément.

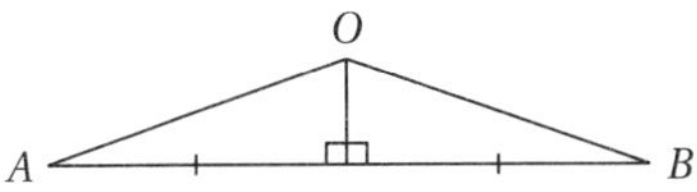

Ce type de solutions – et la manière étrange selon laquelle des faits évidents se combinent pour donner des résultats pas si évidents – est constitutif de la beauté des mathématiques. J'espère que vous aussi, vous apprécierez cette beauté.

Remerciements

Je remercie Peter O'Halloran, Vern Treilibs et Nelly Ng pour les problèmes qu'ils m'ont communiqués et pour leurs conseils.

J'adresse des remerciements particuliers à Basil Rennie pour ses corrections et ses raccourcis astucieux dans les solutions. Enfin, je remercie ma famille pour son soutien, ses encouragements, ses corrections orthographiques et ses réprimandes lorsque je prenais du retard.

Pratiquement tous les problèmes de ce livre proviennent de recueils de problèmes posés dans des compétitions mathématiques. Leur origine est mentionnée dans le texte, les détails nécessaires figurant dans la bibliographie. J'ai aussi utilisé quelques problèmes proposés par des amis ou issus de diverses publications mathématiques ; dans ce cas, la source n'est pas indiquée.

Préface de la seconde édition

Ce livre a été écrit il y a quinze ans, ce qui représente pour moi une demi-vie. Entre-temps, j'ai quitté la maison de mes parents, déménagé dans un nouveau pays, passé un doctorat, enseigné, écrit des articles de recherche, dirigé des étudiants en thèse, je me suis marié et j'ai eu un fils. À l'évidence, mon point de vue sur la vie et sur les mathématiques est aujourd'hui différent de ce qu'il était lorsque j'avais 15 ans. Cela fait déjà bien longtemps que je ne participe plus à des compétitions mathématiques, et si je devais écrire à présent un livre sur le sujet, il serait très différent de celui que vous êtes en train de lire.

Les mathématiques présentent de multiples facettes, et notre expérience ainsi que notre appréciation de cette discipline changent avec le temps et notre vécu. Élève à l'école primaire, j'étais attiré par la beauté abstraite des manipulations formelles et leur remarquable capacité à appliquer de manière répétée des règles simples pour répondre à des questions non triviales. En tant qu'élève de l'enseignement secondaire, candidat dans les compétitions mathématiques, je voyais les mathématiques comme un sport, considérant les problèmes posés comme des casse-têtes (comme le sont ceux de ce livre) et recherchant pour chacun la bonne « clé » qui ouvrirait sa serrure. Étudiant en premier cycle universitaire, j'ai été émerveillé lors de ma première rencontre avec les théories et les structures à la fois fascinantes, riches et profondes, qui forment aujourd'hui le cœur des mathématiques modernes. En tant qu'étudiant de second et troisième cycles, j'ai connu la fierté d'avoir mon propre projet de recherche et la satisfaction unique qu'apporte le fait d'avoir conçu un raisonnement original répondant à une question auparavant irrésolue. Au début de ma carrière de chercheur, j'ai commencé à saisir les intuitions et les motivations sur lesquelles reposent les théories et les problèmes des mathématiques modernes, et j'ai été transporté quand j'ai réalisé à quel point des résultats profonds et très complexes sont au fond guidés par des principes très simples, de bon sens même. L'expérience de saisir soudain l'un de ces principes, et d'observer d'un coup comment il illumine un large pan des mathématiques, est vraiment remarquable. Et il y a encore bien d'autres mathématiques à découvrir ; ce n'est que récemment que j'ai réussi à comprendre suffisamment de domaines mathématiques pour commencer à appréhender l'effort d'unification des mathématiques modernes et comment elles sont liées aux sciences et autres disciplines.

Comme j'ai écrit ce livre avant de commencer ma carrière de mathématicien professionnel, je ne disposais pas de la plupart de ces idées et de ces expériences, et à bien des égards, l'exposé fait montre d'innocence, et même de naïveté. J'ai toutefois renoncé à retoucher le texte, car mon ancien moi était certainement bien plus adapté à la résolution des problèmes du secondaire que je ne le suis aujourd'hui. J'ai tout de même effectué un certain nombre de changements organisationnels : j'ai converti le texte au format LaTeX, arrangé les éléments dans ce que je crois être un ordre plus logique et supprimé les parties de l'ouvrage qui étaient inexactes, mal formulées, déroutantes ou trop vagues. J'ai aussi ajouté quelques exercices supplémentaires. À certains endroits, le texte est un peu daté (le grand théorème de Fermat, par exemple, a été démontré rigoureusement depuis), et je réalise maintenant que plusieurs des problèmes présentés ici pourraient être résolus plus rapidement et sans effort à l'aide d'outils mathématiques de « haut niveau » ; cependant, l'objet de ce texte n'est pas de présenter la solution la plus impeccable d'un problème ni de fournir un aperçu des résultats les plus actuels, mais bien plutôt de montrer comment on aborde un problème mathématique, et comment l'expérience systématique et minutieuse qui consiste à essayer certaines idées et à en éliminer d'autres, tout en retournant constamment le problème, peut conduire, finalement, à une solution satisfaisante.

Je suis grandement reconnaissant à Tony Gardiner pour ses encouragements et son aide dans la réédition de ce livre, ainsi qu'à mes parents pour tout leur soutien au fil des ans. J'ai été touché par les amis et toutes les personnes rencontrés ces dernières années qui ont lu la première édition de cet ouvrage. Enfin, et ce n'est pas le moins important, j'ai une dette particulière envers mes parents et l'unité de support informatique du Centre médical Flinders pour avoir réussi à récupérer une version électronique de ce livre, vieille de quinze ans, sur notre vénérable Macintosh Plus !

Terence Tao
Département de Mathématiques
Université de Californie, Los Angeles
Décembre 2005

Chapitre 1

Les stratégies de résolution de problèmes

Un voyage de mille lieues commence toujours par un premier pas.

Lao Tseu

À la fois semblable et dissemblable au voyage du proverbe, la résolution d'un problème mathématique commence bien (et se poursuit, et se termine) par des pas simples, logiques. En revanche, dès que l'on a une vision nette du but, on avance à grandes enjambées et on a besoin de moins – bien moins – que les millions de pas requis pour réaliser les mille lieues du voyage. De plus, les mathématiques, relevant du domaine de l'abstraction, ne sont pas soumises aux contraintes physiques ; on peut toujours recommencer depuis le début, attaquer le problème sous un nouvel angle ou revenir sur ses pas instantanément. On ne dispose pas toujours de ce luxe lorsqu'on se trouve face à certains problèmes concrets (par exemple essayer de rentrer chez soi lorsqu'on est perdu).

Bien sûr, cela ne rend pas nécessairement facile la résolution des problèmes de mathématiques ; si c'était le cas, cet ouvrage serait sensiblement plus court. Mais cela la rend possible.

Il existe plusieurs stratégies générales qui permettent de résoudre correctement un problème ; [Pólya 1957] [1] est une référence classique pour la plupart d'entre elles. Certaines de

1. Les indications entre crochets renvoient à la bibliographie en fin d'ouvrage.

ces stratégies sont discutées ci-dessous, accompagnées d'une brève illustration de la façon dont chacune peut être employée pour résoudre le problème suivant :

> PROBLÈME 1.1. Les longueurs des côtés d'un triangle sont les termes consécutifs d'une progression arithmétique de raison r. L'aire du triangle est égale à A. Déterminer les longueurs des côtés ainsi que les mesures des angles de ce triangle.

Comprendre le problème. Quelle est la nature de ce problème ? Il y a trois principaux types de problèmes :

- Les problèmes du type « Montrer que... » ou « Calculer... », dans lesquels une certaine assertion doit être démontrée, ou une expression doit être évaluée ;
- Les problèmes du type « Trouver un... » ou « Trouver tous les... », qui exigent que l'on trouve un élément (ou tous les éléments) satisfaisant certaines conditions ;
- Les questions du type « Existe-t-il... », qui impliquent soit de prouver une proposition, soit de fournir un contre-exemple (et qui appartiennent donc à l'une des deux catégories précédentes de problèmes).

Le type du problème est important car il détermine la méthode fondamentale d'approche. Les problèmes du type « Montrer que... » ou « Calculer... » s'appuient sur des données et l'objectif est de déduire de celles-ci une proposition ou de trouver la valeur d'une expression ; ce type de problème est en général plus facile que ceux relevant des deux autres types parce qu'il existe alors un objectif clairement visible, un de ceux qui peuvent être abordés résolument. Les problèmes du type « Trouver un... » laissent plus de place au hasard ; en général, il faut deviner une réponse qui fonctionne à peu près, avant de l'ajuster pour la rendre plus correcte ; ou bien, on peut modifier les conditions que l'objet à trouver doit posséder, de manière à les rendre plus faciles à satisfaire. Typiquement, les problèmes du type « Existe-t-il... » sont les plus difficiles parce qu'il faut tout d'abord décider si un certain objet existe ou non, puis fournir une preuve dans un cas ou un contre-exemple dans l'autre cas.

Bien sûr, les problèmes rencontrés ne tombent pas tous exactement dans l'une de ces catégories étroites ; mais la forme générale de l'énoncé indiquera néanmoins la stratégie fondamentale à mettre en œuvre pour résoudre le problème. Par exemple, si on essaie de résoudre le problème qui consiste à « trouver un hôtel dans cette ville pour y passer la nuit », on pourra modifier les conditions afin qu'il s'agisse, disons, de « trouver un hôtel non complet dans un rayon de 5 kilomètres qui propose une chambre à moins de 100 € la nuit », avant de procéder au choix par élimination. Cette stratégie est meilleure que d'essayer de prouver qu'un tel hôtel existe ou non, et elle est probablement préférable à celle qui consisterait à choisir n'importe quel hôtel faisant l'affaire en essayant de démontrer qu'il est possible de dormir dedans.

Dans le problème 1.1, nous avons affaire à une question du type « Calculer... ». Nous devons trouver plusieurs inconnues, exprimées en fonction d'autres variables. Ceci suggère un traitement algébrique plutôt que géométrique, consistant à écrire des équations reliant r, A, les longueurs des côtés et les mesures des angles du triangle, pour finalement les résoudre afin d'obtenir les valeurs des inconnues.

Comprendre les données. Qu'est-ce qui est donné dans le problème ? Habituellement, un problème met en jeu un certain nombre d'objets qui satisfont des conditions particulières. Pour bien comprendre les données on a besoin de voir comment interagissent les objets et les conditions. C'est important pour concentrer notre attention sur les techniques et les notations appropriées au traitement du problème. Dans notre exemple, les données sont les suivantes : un triangle, son aire et le fait que les longueurs des côtés sont en progression arithmétique de raison r. Comme nous avons affaire à un triangle dont nous considérons les côtés et l'aire, nous aurons besoin de théorèmes reliant côtés, angles et aires afin de nous atteler à la résolution : la loi des sinus, le théorème d'Al-Kashi et les formules de calculs d'aires, par exemple. Par ailleurs, comme nous considérons une suite arithmétique, nous aurons besoin d'une notation qui prenne ce fait en compte ; ainsi, les longueurs des côtés pourraient être notées a, $a+r$ et $a+2r$.

Comprendre l'objectif. Que voulons-nous faire ? On devra peut-être exhiber un objet, prouver une assertion, déterminer l'existence d'un objet aux propriétés spéciales, etc. Comme le précédent volet stratégique – « Comprendre les données » – connaître l'objectif permet de diriger notre attention sur les meilleures armes à employer. La connaissance de l'objectif nous aide aussi à définir des buts opérationnels dont nous savons qu'ils nous rapprocheront de la résolution du problème. Le problème donné en exemple propose comme objectif de « déterminer tous les côtés et les angles du triangle ». Ce qui veut dire, comme mentionné précédemment, que nous aurons besoin de théorèmes et de résultats relatifs aux côtés et aux angles. Cela définit aussi notre but opérationnel : « trouver des équations mettant en jeu les côtés et les angles du triangle ».

Choisir des notations pertinentes. Maintenant que nous disposons des données et d'un objectif, nous devons les représenter d'une manière efficace, de telle façon que données et objectif soient exprimés aussi simplement que possible. Ceci fait habituellement appel aux réflexions initiées lors des deux phases précédentes. Dans notre exemple, nous avons déjà réfléchi à l'utilisation de relations entre r, A, les longueurs des côtés et les mesures des angles du triangle. Nous devons exprimer les longueurs des côtés et les angles à l'aide de variables : nous pourrions choisir de noter a, b et c les longueurs des côtés, tandis que les angles seraient désignés par α, β, γ. Mais nous pouvons nous servir des données pour simplifier ces notations : nous savons que les côtés sont en progression arithmétique, aussi, plutôt que d'employer a, b et c, nous noterons plutôt ces longueurs a, $a+r$ et $a+2r$. Mais cette notation peut être encore améliorée si nous la rendons plus symétrique, en notant les longueurs des côtés $b-r$, b et $b+r$. Le seul petit inconvénient de cette dernière notation est que b doit être supérieur à r. Toutefois, en y réfléchissant mieux, nous voyons qu'il ne s'agit pas vraiment d'une restriction; en fait, savoir que $b \geqslant r$ constitue pour nous une information supplémentaire. Nous pouvons encore économiser une notation en dénommant α, β et $180° - \alpha - \beta$ les angles, mais c'est laid et non symétrique – il est certainement préférable de conserver l'ancienne notation, tout en gardant à l'esprit que $\alpha + \beta + \gamma = 180°$.

Écrire ce vous savez à l'aide de la notation retenue; faire une figure. Coucher sur le papier tout ce que vous savez peut vous aider de trois façons :

(a) vous pourrez facilement vous y référer plus tard;
(b) la feuille est un bon support sur lequel fixer votre regard lorsque vous êtes coincés;
(c) l'acte même d'écrire ce que vous savez peut faire naître de nouvelles inspirations et connexions.

Cependant, veillez à ne pas noter d'éléments superflus et n'encombrez pas votre feuille de détails; un compromis consiste à faire ressortir les faits que vous jugez les plus utiles et à mettre dans une autre partie de votre brouillon les éléments plus discutables ou redondants, ainsi que les idées plus farfelues. Voici quelques équations et inégalités que l'on peut extraire de notre exemple :

- (contraintes physiques) $\alpha, \beta, \gamma, A > 0$ et $b \geqslant r$; nous pouvons aussi supposer, sans perte de généralité, $r \geqslant 0$;
- (somme des angles d'un triangle) $\alpha + \beta + \gamma = 180°$;

- (loi des sinus) $\dfrac{b-r}{\sin\alpha}=\dfrac{b}{\sin\beta}=\dfrac{b+r}{\sin\gamma}$;
- (théorème d'Al-Kashi)
  $b^2=(b-r)^2+(b+r)^2-2(b-r)(b+r)\cos\beta$, etc. ;
- (formule de l'aire d'un triangle)
  $A=\dfrac{1}{2}(b-r)b\sin\gamma=\dfrac{1}{2}(b-r)(b+r)\sin\beta=\dfrac{1}{2}b(b+r)\sin\alpha$;
- (formule de Héron) $A^2=p(p-b+r)(p-b)(p-b-r)$, où
  $p=\dfrac{(b-r)+b+(b+r)}{2}$ est le demi-périmètre ;
- (inégalité triangulaire) $b+r\leqslant b+(b-r)$.

Plusieurs de ces faits pourront se révéler inutiles ou même nous entraîner dans une mauvaise direction. Mais faisons preuve de discernement pour distinguer les éléments de valeur de ceux qui ne seront d'aucun secours. Les égalités sont susceptibles d'être plus utiles que les inégalités, puisque notre objectif et les données s'expriment sous forme d'égalités. La formule de Héron semble particulièrement prometteuse car l'expression du demi-périmètre se simplifie en $p=\dfrac{3b}{2}$. Par conséquent, nous pouvons souligner la « formule de Héron » comme étant susceptible, selon toute vraisemblance, de se révéler pertinente.

Bien sûr, nous pouvons aussi faire une figure. C'est souvent assez utile dans les questions de géométrie, même si, dans le cas qui nous occupe, la figure ne semble pas apporter grand-chose :

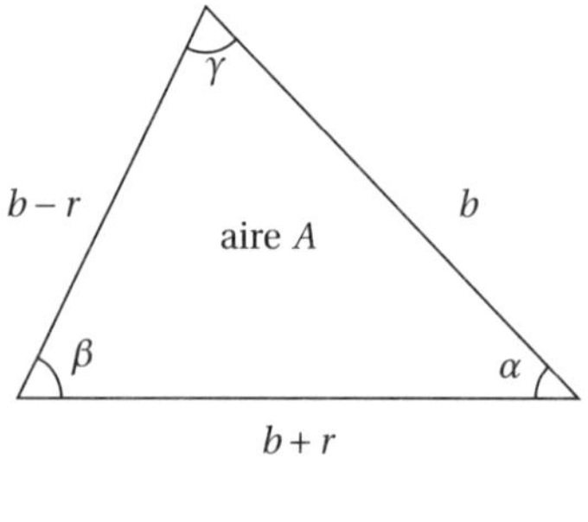

Modifier légèrement le problème. Il existe de nombreuses manières de transformer un problème en une question qui peut se révéler plus facile à traiter :

(a) Considérer un cas particulier du problème, par exemple des cas extrêmes ou dégénérés.
(b) Résoudre une version simplifiée du problème.
(c) Formuler une conjecture qui impliquerait le problème et tâcher de la démontrer dans un premier temps.
(d) Tirer quelques conséquences du problème et essayer de les démontrer d'abord.
(e) Reformuler le problème (par exemple en considérant la contraposée, en démontrant par l'absurde ou en tentant des substitutions).
(f) Examiner les solutions de problèmes analogues.
(g) Généraliser le problème.

Tout ceci est utile quand on n'arrive même pas à démarrer la recherche des solutions, parce que la résolution d'un problème connexe, mais plus simple, éclaire parfois le chemin à suivre dans le problème principal. De même, considérer des cas extrêmes et résoudre le problème avec des hypothèses supplémentaires peut aussi révéler la solution dans le cas général. Il faut être bien averti du fait que les cas particuliers sont, par définition, particuliers, et qu'on pourrait leur appliquer convenablement une technique élégante sans que celle-ci présente le moindre intérêt pour la résolution du cas général. Cela a tendance à se produire lorsque le cas particulier est *trop* particulier. Débutez avec des hypothèses modestes, parce qu'ainsi vous vous tenez aussi près que possible de l'esprit du problème.

Dans le problème 1.1, nous pouvons essayer de résoudre le cas particulier correspondant à $r = 0$. Cela revient à devoir déterminer la longueur d'un côté du triangle équilatéral d'aire A. Il s'agit dans ce cas d'un calcul classique dont le résultat est

$b = \frac{2A^{\frac{1}{2}}}{3^{\frac{1}{4}}}$. Ce résultat nous indique que la réponse générale devrait aussi comporter des racines carrées ou des racines quatrièmes, mais il ne nous suggère aucune marche à suivre pour traiter le problème. Nous ne retirons rien non plus de la considération de problèmes analogues, si ce n'est une preuve supplémentaire que nous devons attaquer, avec enthousiasme, la question sous l'angle algébrique.

Modifier le problème de manière significative. Dans ce type de stratégie plus agressive, nous faisons subir au problème des modifications profondes, par exemple en supprimant des données, en échangeant les rôles des hypothèses et de la conclusion, ou en niant l'objectif (par exemple en essayant de réfuter une assertion plutôt que de la prouver). De manière imagée, nous essayons d'appuyer sur le problème jusqu'à ce qu'il cède, et, ensuite, nous tentons de repérer l'endroit où la rupture s'est produite; ceci permet à la fois d'identifier les éléments cruciaux parmi les données et de trouver où réside la difficulté principale. Ces exercices peuvent aussi aider à acquérir un sentiment intuitif des stratégies qui sont susceptibles de fonctionner, et quelles sont celles qui risquent fort d'échouer.

Dans le cas précis de notre problème, on pourrait remplacer le triangle par un quadrilatère, un cercle, etc. Il n'y a pas d'aide à attendre de ce côté : cela ne fait que rendre le problème encore plus compliqué. Mais d'un autre côté, on peut s'apercevoir que la question posée ne fait pas référence au triangle en tant que tel, mais seulement à ses dimensions. Nous n'avons pas besoin de connaître la position du triangle. Il s'agit ici d'une confirmation supplémentaire du fait que nous devrions nous concentrer sur les côtés et les angles (c'est-à-dire a, b, c, α, β, γ) plutôt que de tenter d'utiliser la géométrie analytique ou d'autres approches similaires.

Nous pouvons ignorer certains objectifs; par exemple, au lieu de calculer les longueurs des côtés et les angles, nous pouvons chercher seulement les longueurs des côtés. Ce faisant, on peut remarquer qu'en appliquant la loi des sinus et le théorème d'Al-Kashi, les angles du triangle seront de toute façon parfaitement déterminés. Donc, il est seulement nécessaire de trouver les longueurs des côtés. Or nous savons que les côtés ont pour longueurs respectives $b-r$, b, $b+r$ et que, par conséquent, il suffit de calculer b pour résoudre le problème.

Nous pouvons aussi décider de ne pas tenir compte de certaines hypothèses, comme de la raison r de la suite arithmétique, mais alors nous obtenons plusieurs solutions possibles et nous ne disposons plus de suffisamment de données pour résoudre le problème. De même, omettre l'aire A du triangle ne nous laisse pas assez de matériau pour conclure. (Parfois on peut ignorer partiellement des données, par exemple en spécifiant seulement que l'aire doit être plus grande ou plus petite qu'un certain seuil A_0 ; mais cela complique les choses. Dans un premier temps il vaut mieux s'en tenir aux options les plus simples.) Renverser le problème (échanger hypothèses et conclusion) conduit cependant à des idées intéressantes. Supposez que vous ayez un triangle dont les côtés sont en progression arithmétique de raison r, et que vous vouliez le réduire (ou autre chose) jusqu'à ce que son aire soit égale à A. On peut imaginer notre triangle en train de rétrécir et de se déformer, bien que les longueurs de ses côtés conservent la même différence arithmétique. De même, on peut considérer tous les triangles dont la valeur de l'aire est fixée, en choisir un et le modeler de manière que les longueurs de ses côtés soient dans la progression arithmétique correcte. Au final, ces idées pourraient fonctionner; mais je vais utiliser une autre démarche pour répondre à la question. Cependant, n'oubliez pas qu'un même problème peut être résolu à l'aide de diverses méthodes et qu'aucune de ces méthodes ne peut être tenue pour la meilleure d'une manière absolue.

Prouver des résultats relatifs à notre problème. Les données sont là pour être utilisées, c'est pourquoi on doit s'en servir et jouer avec. Cela produira-t-il davantage de données pertinentes ? Prouver des résultats, même modestes, pourra aussi se révéler fructueux ultérieurement, quand il s'agira de démontrer la propriété principale ou de trouver la réponse. Aussi infime que soit le résultat, ne l'oubliez pas – plus tard, il pourrait bien avoir une incidence sur le problème. En outre, cela vous donne quelque chose à faire si jamais vous êtes bloqués.

Dans un problème du type « Calculer... », comme celui du triangle, cette tactique n'est pas forcément judicieuse. Mais on peut essayer. Par exemple, notre but opérationnel est de résoudre l'équation d'inconnue b. Elle dépend de deux paramètres : r et A. En d'autres termes, b est vraiment une fonction : $b = b(r, A)$. (Cette notation peut sembler déplacée dans le cadre d'une question de géométrie, mais c'est seulement parce que la géométrie a tendance à ignorer les relations de dépendance entre les objets. Par exemple, la formule de Héron fournit une expression explicite de l'aire A en fonction des longueurs des côtés a,b et c : autrement dit, elle définit une fonction $A(a, b, c)$). À présent, nous pouvons démontrer quelques mini-résultats relatifs à la fonction $b(r, A)$, tels que $b(r, A) = b(-r, A)$ (en effet, la progression arithmétique considérée est équivalente à la progression arithmétique de raison opposée) ou encore $b(kr, k^2 A) = kb(r, A)$ (ce qui s'obtient par agrandissement d'un facteur k du triangle associé à $b = b(r, A)$). Nous pourrions même essayer de dériver la fonction b par rapport à la variable r ou par rapport à A. Dans le cadre du problème examiné, ces tactiques nous permettraient de réaliser certaines normalisations, en fixant par exemple les paramètres $r = 1$ ou $A = 1$, et elles nous donneraient un moyen de vérifier la réponse finale. Cependant, dans ce problème, ces stratagèmes ne nous offrent que des avantages négligeables et nous ne les utiliserons pas ici.

Simplifier, exploiter les données et atteindre les objectifs tactiques. Maintenant que nous avons mis en place les notations et que nous avons établi quelques équations, nous devrions examiner sérieusement les façons d'atteindre les objectifs tactiques que nous avons définis. Pour les problèmes faciles, il existe habituellement des procédures standardisées. (Par exemple, les simplifications algébriques sont généralement traitées de manière exhaustive dans les manuels scolaires.) Cette partie est ordinairement la plus longue et la plus difficile du problème : cependant, on peut éviter de s'égarer en se rappelant les théorèmes convenables, les données et la façon dont elles peuvent être employées, et, plus important encore, l'objectif à atteindre. Une bonne idée consiste aussi à ne pas appliquer aveuglément telle technique ou telle méthode, mais à prévoir où cette démarche pourrait nous amener ; ceci permet d'économiser énormément de temps en éliminant les voies de recherche les moins fructueuses avant qu'elles engloutissent des efforts considérables, et inversement, de disposer des orientations les plus prometteuses.

Dans le problème 1.1 , nous nous concentrons déjà sur la formule de Héron. Nous pouvons nous en servir pour atteindre l'objectif tactique qui consiste à résoudre l'équation selon la variable b. Après tout, nous avons déjà mis en évidence que la loi des sinus et le théorème d'Al-Kashi déterminaient complètement α, β, γ une fois la valeur de b connue. Comme une preuve supplémentaire que cet objectif va bien permettre une avancée, observez que la formule de Héron met en jeu r et A. En fait, elle utilise toutes les données dont nous disposons (nous avons déjà intégré le fait que les longueurs des côtés étaient en progression arithmétique dans notre notation). Quoi qu'il en soit, la formule de Héron, en termes de r, A, b, s'écrit

$$A^2 = \frac{3b}{2}\left(\frac{3b}{2} - b + r\right)\left(\frac{3b}{2} - b\right)\left(\frac{3b}{2} - b - r\right),$$

ce que nous pouvons simplifier pour obtenir

$$A^2 = \frac{3b^2(b-2r)(b+2r)}{16} = \frac{3b^2(b^2-4r^2)}{16}.$$

Nous devons maintenant résoudre cette équation en l'inconnue b. Le second membre de l'égalité est un polynôme en b (r et A sont considérées comme des constantes), et, plus précisément, il s'agit d'un polynôme de degré 2 en b^2. Or, les équations du second degré sont faciles à résoudre : si nous nous débarrassons des dénominateurs et que nous faisons passer tous les termes dans le premier membre, nous obtenons

$$3b^4 - 12r^2b^2 - 16A^2 = 0.$$

L'utilisation de la formule de résolution de l'équation du second degré conduit à

$$b^2 = \frac{12r^2 \pm \sqrt{144r^4 + 192A^2}}{6} = 2r^2 \pm \sqrt{4r^4 + \frac{16}{3}A^2}.$$

Comme b doit être positif, nous en déduisons

$$b = \sqrt{2r^2 + \sqrt{4r^4 + \frac{16}{3}A^2}}.$$

Nous pouvons tester cette solution en vérifiant que lorsque $r = 0$, le résultat obtenu est bien en accord avec le calcul précédemment réalisé où nous avions $b = \frac{2A^{\frac{1}{2}}}{3^{\frac{1}{4}}}$. Une fois que nous avons calculé les longueurs des côtés $b-r$, b, $b+r$, les mesures des angles α, β, γ se déduisent par application du théorème d'Al-Kashi, et le tour est joué !

Chapitre 2

Exemples en théorie des nombres

> On dit qu'il y a de la divinité dans les nombres impairs, pour la nativité, le hasard ou la mort.
>
> William Shakespeare,
> *Les Joyeuses Commères de Windsor.*

La théorie des nombres n'est peut-être pas divine, mais elle est toujours enveloppée d'une aura mystique. À la différence de l'algèbre, dont les piliers sont les lois régissant les manipulations d'équations, la source d'où jaillissent les résultats de l'arithmétique reste obscure. Prenez, par exemple, le *théorème de Lagrange* (initialement conjecturé par Bachet de Méziriac) qui affirme que tout entier positif est une somme de quatre carrés parfaits (par exemple : $30 = 4^2 + 3^2 + 2^2 + 1^2$). D'un point de vue algébrique, il s'agit d'une équation particulièrement simple ; mais comme nous nous restreignons aux entiers naturels, les règles de l'algèbre échouent. Ce résultat présente un aspect parfaitement anodin et l'expérimentation montre qu'il a bien l'air d'être vrai, sans qu'on puisse expliquer pourquoi. En réalité, le théorème de Lagrange ne peut se démontrer facilement avec les moyens élémentaires qui sont employés dans cet ouvrage : un détour par les entiers de Gauss, ou quelque chose d'équivalent, est nécessaire.

Néanmoins, d'autres problèmes ne sont pas si difficiles à pénétrer. En voici quelques exemples faciles, qui impliquent tous un entier naturel n :

(a) Le dernier chiffre de n (en écriture décimale) est toujours égal à celui de n^5.
(b) n est un multiple de 9 si et seulement si la somme de ses chiffres est un multiple de 9.
(c) (Théorème de Wilson) $(n-1)!+1$ est un multiple de n si et seulement si n est un nombre premier.
(d) Si k est un entier naturel impair, alors $1^k+2^k+\cdots+n^k$ est divisible par $\frac{n(n+1)}{2}$.
(e) Il existe exactement quatre nombres de n chiffres (en complétant éventuellement avec le nombre approprié de zéros) dont les n chiffres sont les mêmes que les n derniers chiffres de leur carré. Par exemple, les quatre nombres de trois chiffres possédant cette propriété sont : 000, 001, 376 et 625.

Ces énoncés sont tous démontrables à l'aide de la théorie élémentaire des nombres ; toutes les preuves tournent autour du concept fondamental d'*arithmétique modulaire*, qui nous permet de disposer de la puissance de l'algèbre mais limitée à un nombre fini d'entiers. Au demeurant, la preuve de la dernière propriété (e) peut éventuellement déboucher sur la notion de nombres *p-adiques*, une sorte d'arithmétique modulaire en dimension infinie.

La théorie élémentaire des nombres est une charmante bourgade isolée du paysage mathématique. Mais les applications qui découlent de la notion fondamentale de nombre entier et du concept de divisibilité sont incroyablement variées et puissantes. L'idée de divisibilité conduit naturellement à celle de nombres *premiers*, ce qui nous fait accéder à la nature précise de la factorisation, puis à l'un des joyaux mathématiques du XIXe siècle : le théorème des nombres premiers, grâce auquel nous pouvons déterminer, avec un bon niveau de précision, la quantité de nombres premiers inférieurs à un nombre donné. En même temps, le concept d'opérations sur les nombres entiers se prête manifestement bien à l'arithmétique modulaire, qui se généralise depuis un sous-ensemble des nombres entiers jusqu'à l'algèbre des groupes finis, des anneaux et des corps et conduit à la théorie algébrique des nombres dans laquelle la notion de « nombre » est étendue aux quantités irrationnelles, aux éléments des corps de décomposition et aux nombres complexes. La théorie des nombres est la pierre angulaire qui soutient une part considérable de l'édifice mathématique. Et bien sûr, elle est aussi très amusante.

Avant d'examiner les problèmes, revoyons quelques notations basiques. Un *entier naturel* est un entier positif (par la suite, sauf mention contraire, nous ne considérerons pas 0 comme un entier naturel [1]). L'ensemble des entiers naturels se note $\mathbb{N}$. Un *nombre premier* est un entier naturel qui possède exactement deux diviseurs : lui-même et 1 ; nous ne considérons pas 1 comme un nombre premier. Deux entiers naturels m et n sont dits *premiers entre eux* si leur seul diviseur commun est 1.

La notation « $x \equiv y \pmod{n}$ », qui se lit « x est congru à y modulo n », signifie que x et y diffèrent d'un multiple de n, par exemple $65 \equiv 15 \pmod{10}$. La notation « $\pmod{n}$ » indique que nous travaillons dans une arithmétique modulaire où le module n est identifié à 0; ainsi l'arithmétique modulaire $(\text{mod } 10)$ est une arithmétique dans laquelle $10 \equiv 0$. Nous avons donc $65 \equiv 15+10+10+10+10+10 \equiv 15+0+0+0+0+0 \equiv 15 \pmod{10}$. L'arithmétique modulaire se distingue aussi de l'arithmétique classique en ce sens que les inégalités n'y existent pas et que tous les nombres y sont entiers. Par exemple $\frac{7}{2} \not\equiv 3{,}5 \pmod{5}$. À la place, nous avons $\frac{7}{2} \equiv \frac{12}{2} \equiv 6 \pmod{5}$ car $7 \equiv 12 \pmod{5}$. Il peut sembler étrange de diviser en employant ce moyen détourné, mais en fait on peut constater qu'il n'y a aucune contradiction, même si certaines divisions

1. Dans ce livre, comme presque toujours dans les ouvrages en anglais, $\mathbb{N} = \{1, 2, 3, \ldots\}$

sont impossibles, exactement comme la division par zéro est impossible dans le contexte classique des nombres réels. La règle générale est que la division est bien définie si le diviseur est premier avec le module n.

1. Chiffres

Nous avons déjà mentionné qu'il est possible d'obtenir des renseignements sur un nombre (en particulier, savoir s'il est divisible par 9) en calculant la somme de ses chiffres. Dans les mathématiques plus avancées, il s'avère que cette opération n'est pas tellement importante (il est beaucoup plus efficace d'étudier directement les nombres plutôt que de passer par la suite de leurs chiffres) mais cela reste une pratique courante dans les questions de mathématiques récréatives et certains attribuent même à cet exercice des connotations magiques ! Assurément, la somme des chiffres figure très souvent dans les problèmes de compétitions mathématiques, comme c'est le cas dans celui-ci.

Problème 2.1. (Taylor 1989, p. 7.) Montrer que parmi 18 nombres consécutifs à trois chiffres, il en existe au moins un qui est divisible par la somme de ses chiffres.

Il s'agit d'un problème avec un nombre fini de cas : il y a seulement environ 900 nombres à trois chiffres et donc, en théorie, nous pouvons tester manuellement tous les candidats susceptibles de répondre à la question. Malgré tout, voyons si nous pouvons nous épargner un peu de travail. Au premier abord, l'objectif paraît assez curieux : nous voulons que le nombre soit divisible par la somme de ses chiffres. Commençons par traduire l'objectif en l'exprimant dans une formule mathématique, qui sera plus commode à manipuler. Un nombre de trois chiffres peut se noter abc_{10}, a, b, c étant les chiffres ; nous écrivons abc_{10} afin d'éviter la confusion avec

abc ($abc_{10} = 100a + 10b + c$ mais $abc = a \times b \times c$). Si nous utilisons la notation habituelle $a \mid b$ pour signifier que a divise b, nous voulons finalement résoudre l'équation

$$(1) \qquad (a+b+c) \mid abc_{10},$$

où abc_{10} représente l'un des 18 nombres consécutifs. Peut-on réduire, simplifier ou rendre, d'une manière ou d'une autre, cette équation plus exploitable ? C'est possible, mais on ne peut pas en faire quelque chose de raisonnablement praticable (comme le serait, par exemple, une équation commode qui relierait directement a, b et c). En fait, (1) est un objet épouvantable à manipuler, même après avoir remplacé abc_{10} par $100a + 10b + c$. Regardez les solutions abc_{10} de (1) :

$$100, 102, 108, 110, 111, 112, 114, 117, 120, 126, \ldots, 990, 999.$$

Elles semblent se succéder sans règle, aléatoirement. Toutefois, elles semblent survenir suffisamment souvent pour que n'importe quelle série de 18 nombres consécutifs en contiennent au moins une. À propos, quelle est l'importance de ce 18 ? Partons de l'hypothèse qu'il ne s'agit pas d'un leurre (peut-être que 13 nombres consécutifs suffiraient mais que 18 est indiqué pour nous égarer sur une fausse piste), pourquoi avons-nous 18 ? Certains ont peut-être gardé en mémoire que la somme des chiffres est souvent associée au nombre 9 (par exemple, tout nombre a le même reste que la somme de ses chiffres dans la division par 9), or 18 est apparenté à 9, donc il pourrait bien y avoir là une vague connexion. Pourtant, les nombres consécutifs et la divisibilité ne font pas bon ménage. Il semble que nous devions reformuler la question ou proposer une question voisine pour avoir un espoir de la résoudre.

Maintenant que nous sommes attentifs à tout ce qui présente un lien avec le nombre 9, nous devrions remarquer que la plupart des nombres qui vérifient l'équation (1) sont des multiples de 9, ou au moins des multiples de 3. En fait, il y a seulement trois exceptions dans la liste ci-dessus (100, 110 et 112) et quasiment tous les multiples de 9 sont solutions de l'équation (1). Au lieu d'essayer de prouver directement que

Parmi 18 nombres consécutifs, il y en a au moins un qui est solution de (1)

nous pourrions démontrer quelque chose comme

Parmi 18 nombres consécutifs, il y a un multiple de 9 qui est solution de (1).

Cette piste paraît rapprocher la donnée (18 nombres consécutifs) de l'objectif (un nombre vérifiant (1)) parce qu'une suite de 18 nombres consécutifs contient forcément un multiple de 9 (en fait, elle en contient deux) et qu'il semble bien, d'après les indications numériques et les propriétés heuristiques du nombre 9, que les multiples de 9 sont solutions de (1). La création de ce point de passage permet de relier deux énoncés sans rapport apparent.

Nous avons maintenant un tremplin (considérer les multiples de 9) qui fonctionne, mais il faut fournir un travail supplémentaire afin de couvrir l'ensemble des cas. En fait, il est préférable d'utiliser les multiples de 18 :

$$\boxed{\text{18 nombres consécutifs}} \Rightarrow \boxed{\text{un multiple de 18}}$$
$$\Rightarrow \boxed{\text{une solution de (1)}}$$

Les raisons de ce changement sont doubles :

- Une suite de 18 nombres consécutifs contiendra toujours exactement un multiple de 18, mais elle contiendra deux multiples de 9. Il est plus élégant, et plus approprié, de considérer les multiples de 18 plutôt que d'utiliser les multiples de 9. Après tout, si nous devions nous servir des multiples de 9 pour résoudre le problème, la question aurait seulement dû préciser 9 nombres consécutifs au lieu de 18.

- Il devrait être plus facile de démontrer (1) avec les multiples de 18 qu'avec les multiples de 9 puisque les multiples de 18 ne sont rien d'autre que des cas particuliers de multiples de 9. D'ailleurs, il s'avère que les multiples de 9 ne fonctionnent pas tous (considérez par exemple 909) tandis que les multiples de 18 font l'affaire, comme nous allons le voir.

En tout cas, nous constatons, par expérimentation, que les multiples de 18 semblent fonctionner. Mais pour quelle raison ? Prenons, par exemple, 216, qui est un multiple de 18. La somme de ses chiffres est 9, et 9 divise 216 parce que 18 divise 216. Considérons un autre exemple : 882 est un multiple de 18 et la somme de ses chiffres est 18. Par conséquent, 882 est évidemment divisible par la somme de ses chiffres. En continuant à nous amuser sur quelques exemples supplémentaires, nous constaterions que la somme des chiffres d'un multiple de 18 est toujours égale à 9 ou à 18, et donc qu'elle divise le nombre initial. Et avec ces conjectures, une preuve émerge rapidement :

DÉMONSTRATION. Parmi les 18 nombres consécutifs, il y a un multiple de 18, notons-le abc_{10}. Comme abc_{10} est aussi un multiple de 9, $a+b+c$ est un multiple de 9 (vous vous souvenez du critère de divisibilité par 9 ? Un nombre est divisible par 9 si et seulement si la somme de ses chiffres est divisible par 9). Puisque la valeur de $a+b+c$ est comprise entre 1 et 27, la somme $a+b+c$ est égale soit à 9, soit à 18, soit à 27. 27 ne peut apparaître que lorsque $abc_{10} = 999$, mais alors ce n'est pas un multiple de 18. Par conséquent, $a+b+c$ vaut 9 ou 18 et donc $a+b+c \mid 18$. Or, par hypothèse, $18 \mid abc_{10}$, et donc $(a+b+c) \mid abc_{10}$, comme souhaité. □

Il faut se souvenir que dans les problèmes impliquant des notions telles que les chiffres, l'approche directe conduit rarement à la solution. Une formule peu pratique doit être simplifiée en quelque chose de plus maniable. Dans le cas précédent, la phrase « un nombre parmi les 18 nombres consécutifs doit être... » a été remplacée par « tout multiple de 18 doit être... », ce qui constituait une version affaiblie mais plus simple et plus appropriée à la question (laquelle était associée à la divisibilité). Cela s'est avéré être une bonne idée. Il faut aussi se rappeler que pour les problèmes de type fini, les stratégies ne ressemblent pas à celles qui sont employées dans le cadre des mathématiques supérieures. Par exemple, la formule mathématique

$$(a+b+c) \mid abc_{10}$$

n'a pas fait l'objet d'un traitement classique (par exemple en appliquant les propriétés des congruences), au lieu de ça, nous avons délimité les valeurs que pouvait prendre l'expression $a+b+c$ (9, 18 ou 27), ce qui nous a laissé avec les formules beaucoup plus simples que sont

$$9 \mid abc_{10}, \quad 18 \mid abc_{10}, \quad 27 \mid abc_{10}.$$

En réalité, nous n'avons jamais eu besoin de développer algébriquement abc_{10} en $100a+10b+c$. Alors que cela semblait bien être le premier pas logique à accomplir, cette méthode s'est révélée être une fausse piste qui ne rendait pas la résolution du problème plus claire.

Une remarque pour finir : il se trouve que 18 est le plus petit nombre d'entiers consécutifs qui sont nécessaires pour s'assurer que l'un d'entre eux vérifie (1). Dix-sept nombres n'auraient pas suffi ; considérez par exemple la suite des nombres de 559 à 575. (J'ai utilisé un ordinateur pour cela, et non des techniques mathématiques complexes.) De toute évidence, on n'a pas besoin de connaître ce résultat pour résoudre le problème.

EXERCICE 2.1. Dans un jeu de salon, le « magicien » demande à l'un des participants de penser à un nombre de trois chiffres abc_{10}. Le magicien invite alors le participant à additionner les cinq nombres acb_{10}, bac_{10}, bca_{10}, cab_{10} et cba_{10} puis à révéler la somme obtenue. Supposons que la somme soit égale à 3194. Quel était le nombre abc_{10} initialement choisi ? (*Indications.* Trouvez une expression plus judicieuse pour la somme des cinq nombres, quelque chose de plus mathématique. Appliquez ensuite l'arithmétique modulaire pour délimiter les valeurs possibles de a, b et c.)

PROBLÈME 2.2. (Taylor 1989, p. 37.) Existe-t-il une puissance de 2 telle que ses chiffres puissent être réordonnés de manière à obtenir une autre puissance de 2 ? (Le nouveau nombre constitué ne doit pas commencer par des zéros : par exemple, 0032 n'est pas autorisé.)

Cela ressemble fort à une combinaison insoluble : des puissances de 2 et des chiffres à réagencer. Deux raisons contribuent à cette complexité apparente :

(a) le nombre de façons de réorganiser les chiffres est trop grand ;
(b) il n'est pas facile d'identifier chacun des chiffres d'une puissance de 2.

Ceci nous souffle que, selon toute vraisemblance, cette question doit être abordée avec une habileté sournoise.

La première ruse à mettre en œuvre est de deviner la réponse. Le contexte (ce problème est issu d'une compétition mathématique) suggère qu'il ne s'agit pas de procéder par tâtonnements pour trouver la solution, et donc que la réponse serait plutôt « non ». (D'un autre côté, des constructions exceptionnellement ingénieuses pourraient réussir à réarranger intelligemment les chiffres – mais de telles constructions sont sans doute difficiles à trouver. Choisissez toujours en premier lieu les options faciles. Si vous avez fait le bon choix, vous aurez épargné beaucoup de temps en ne suivant pas les voies plus difficiles. Sinon, vous étiez voués à ce chemin pénible de toute façon. Ça ne signifie pas que vous deviez oublier une méthode qui paraît prometteuse parce qu'elle est difficile : il s'agit plutôt de poser un regard pondéré sur les différentes pistes avant de partir pour le grand large.)

Comme dans le problème 2.1, les chiffres constituent une fausse piste. Dans le problème 2.1, nous voulions simplement obtenir deux renseignements sur la somme des chiffres : tout d'abord, une condition de divisibilité, et ensuite une restriction des grandeurs en jeu. Nous ne voulions en aucun cas introduire toutes les complications d'une équation exacte. Ici, nous devrons certainement adopter la même attitude : simplifions donc le problème en généralisant les opérations de réagencement des chiffres. D'un point de vue purement logique, nous sommes dans une situation pire qu'auparavant car nous devons prouver davantage ; mais en termes de clarté et de simplicité, nous gagnons du terrain. (Pourquoi s'encombrer avec des données qui ne sont pas utilisables ? Ce serait une pure perte de temps.)

Donc, nous devons maintenant choisir l'une des propriétés principales des puissances de 2 et du réarrangement des chiffres – avec un peu de chance, nous découvrirons que les propriétés de l'un sont incompatibles avec celles de l'autre. Pour commencer, attaquons-nous aux puissances de 2 ; elles sont plus faciles à traiter. Les voici :

$$1, 2, 4, 8, 16, 32, 64, 128, 256, 512, 1024, 2048, 4096, 8192,$$
$$16384, 32768, 65536, \ldots$$

Eh bien, à première vue, il n'y a pas grand-chose que l'on puisse dire à propos des chiffres. Le dernier chiffre d'une puissance de 2 est bien évidemment pair (sauf en ce qui concerne le nombre 1), mais les autres chiffres se présentent plutôt sans ordre apparent. Prenez, par exemple, le nombre 4096. Un chiffre impair, quelques chiffres pairs et même un chiffre nul. Qu'est-ce qui empêcherait de réordonner ses chiffres et d'obtenir une nouvelle puissance de 2 ? Pourrait-on réarranger ceux-ci en $2^{4256} = 1523\ldots936$ par exemple ? « Bien sûr que non ! » répondrez-vous. Pourquoi ? « Parce que ce dernier résultat est bien trop grand ! ». Alors la taille compte ? « Oui – Il doit y avoir des milliers de chiffres dans l'écriture de 2^{4256}, tandis qu'il y en a seulement quatre dans 4096. » Aha ! – ainsi, réagencer les chiffres ne change pas le nombre total de chiffres. (Écrivez tous les faits qui pourraient servir à résoudre le problème, même s'ils sont très simples – il ne faut pas s'imaginer que les « évidences » jailliront comme par enchantement dans notre esprit au moment opportun. Même l'or qui se trouve à la surface du fleuve mérite d'être cherché – et conservé.) Et donc, avec ce iota d'information supplémentaire, pouvons-nous mener à bien notre généralisation ? Notre question généralisée est maintenant

Existe-t-il une puissance de 2 telle que l'on puisse écrire une autre puissance de 2 avec le même nombre de chiffres ?

Malheureusement, il apparaît très rapidement que la réponse à cette question est « oui » ; 2048 et 4096, par exemple. Nous avons trop généralisé. (Notez bien que répondre « oui » à cette question n'implique pas forcément de répondre « oui » à la question originale du problème.) Encore une fois, revenons vers le problème 2.1. Savoir seulement que « la somme des chiffres d'un multiple de 18 est nécessairement un multiple de 9 » ne suffisait pas pour résoudre le problème : nous devions aussi savoir que « la somme des chiffres d'un nombre à trois chiffres est inférieure à 27 ». En résumé, nous n'avons pas encore obtenu suffisamment de faits relatifs à notre problème pour le résoudre. Toutefois, nous avons partiellement réussi puisque nous avons restreint les possibilités de réarranger les chiffres. Prenons une nouvelle fois le nombre 4096. Ses chiffres peuvent uniquement être réordonnés en un autre nombre de quatre chiffres. Et combien y-a-t-il de puissance de 2 qui s'écrivent avec quatre chiffres ? Seulement quatre – 1024, 2048, 4096 et 8192. Il en est ainsi car les puissances de 2 doublent de l'une à la suivante : elles ne peuvent donc rester très longtemps dans la même « fourchette ». En fait, on peut très rapidement constater qu'au plus quatre puissances de 2 peuvent s'écrire avec le même nombre de chiffres donné. (La cinquième puissance de 2 consécutive serait 16 fois supérieure à la première et donc posséderait plus de chiffres que celle-ci.) La signification de tout ceci, c'est qu'il existe aux plus trois puissances de 2 qui peuvent être obtenues en réorganisant les chiffres de la puissance de 2 initiale. Voilà une victoire partielle : il ne reste plus que trois suspects, ou moins, à examiner pour chaque puissance de 2 à la place de l'infinité des candidats du début. Peut-être qu'un effort supplémentaire nous permettrait d'écarter aussi ces derniers suspects.

Nous disions donc qu'en réarrangeant les chiffres, le nombre finalement obtenu possédait le même nombre de chiffres que le nombre original. Mais, bien sûr, deux nombres qui possèdent le même nombre de chiffres ne sont pas forcément constitués exactement des mêmes chiffres qui seraient rangés différemment. Telle quelle, cette unique propriété concernant la permutation des chiffres ne permettra pas de résoudre le problème. Ce qui signifie que nous sommes allés trop loin dans notre volonté de généraliser et que nous avons un peu trop forcé notre chance. Reprenons une nouvelle fois. Quelque chose de plus pourrait être conservée lorsque nous échangeons les chiffres. Penchons-nous sur quelques exemples – reprenons encore 4096 puisque nous possédons déjà une certaine expérience de ce nombre. Les différentes possibilités de permutation des chiffres donnent :

$$4069, 4096, 4609, 4690, 4906, 4960, 6049, 6094, 6409,$$
$$6490, 6904, 6940, 9046, 9064, 9406, 9460, 9604, 9640.$$

Qu'est-ce que ces résultats ont en commun ? Ils s'écrivent avec le même ensemble de chiffres. Tout cela est parfait, mais un « ensemble de chiffres » n'est pas un objet mathématique très pertinent (peu de théorèmes ou d'outils utilisent ce concept).

En revanche, la *somme des chiffres* fait partie de l'arsenal classique. Et, effectivement, si deux nombres ont le même ensemble de chiffres, alors ils ont aussi la même somme de chiffres. Nous voici donc en possession d'un renseignement supplémentaire : la recombinaison des chiffres préserve la somme des chiffres. En associant ce résultat avec notre précédent petit iota d'information, nous obtenons la question de remplacement suivante :

> Existe-t-il une puissance de 2 telle que l'on puisse écrire une autre puissance de 2 avec le même nombre de chiffres *et* qui possède la même somme de chiffres que la puissance de 2 originale ?

Remarquons que si la réponse à la question originale est « oui », alors la réponse à cette question aussi sera « oui ». Et cette question est plus facile à aborder que la question initiale car le « nombre de chiffres » et la « somme de chiffres » sont des concepts classiques en théorie des nombres. Avec ce nouvel élément présent à l'esprit, observons les sommes des chiffres des puissances de 2 et voyons comment les mobiliser afin de répondre à notre nouvelle question. Nous avons

Puissance de 2	Somme des chiffres	Puissance de 2	Somme des chiffres	Puissance de 2	Somme des chiffres
1	1	256	13	65 536	25
2	2	512	8	131 072	14
4	4	1 024	7	262 144	19
8	8	2 048	14	524 288	29
16	7	4 096	19	1 048 576	31
32	5	8 192	20		
64	10	16 384	22		
128	11	32 768	26		

À partir de ces résultats, nous constatons que :

- Les sommes de chiffres ont tendance à être plutôt petites. Par exemple, la somme des chiffres de 2^{17} est égale à seulement 14. Nous voilà un peu malchanceux, parce que les petits nombres sont plus susceptibles de coïncider que les grands nombres. Si 10 personnes choisissent chacune au hasard un nombre de deux chiffres, il y a une probabilité non négligeable (9,5%) de concordance, tandis que si chacune choisit un nombre de 10 chiffres, il y a tout juste une chance sur un million que deux nombres coïncident : autrement dit, à peu près la même probabilité lamentable que de gagner au « loto ». En revanche, la petitesse des nombres peut aider à déceler des schémas, et donc, ce n'est peut-être pas une si mauvaise nouvelle que ça.
- Certaines sommes des chiffres coïncident : par exemple, 16 et 1024. Il semble malgré tout que les sommes des chiffres grimpent doucement de plus en plus haut : on s'attend de toute évidence à ce que la somme des chiffres d'une puissance de 2 à 100 chiffres soit supérieure à celle d'une puissance de 2 à 10 chiffres. Souvenons-nous quand même que nous nous limitons aux puissances de 2 qui possèdent le même nombre de chiffres, et donc que cette dernière idée ne sera pas d'un grand intérêt.

Les conséquences de ces observations sont les suivantes : la suite des sommes des chiffres présente une structure macroscopique facile à appréhender (croissance lente avec n) [2], mais possède une structure microscopique vraiment chaotique. Les chiffres varient beaucoup trop. Nous avons mentionné plus haut que le concept d'« ensemble de chiffres » n'était pas commode à utiliser : il semble maintenant que celui de « somme de chiffres » ne soit guère plus pratique. Y-aurait-il une autre façon

2. En fait, il est extrêmement probable (mais ce n'est toujours pas démontré !) que la somme des chiffres de 2^n soit approximativement $(4{,}5\log_{10}(2))n \approx 1{,}355n$ lorsque n est assez grand.

de simplifier le problème qui nous laisserait avec des éléments sur lesquels nous pourrions réellement nous appuyer ?

Hmm. Nous avons déjà indiqué que la « somme de chiffres » faisait partie de l'arsenal classique des mathématiques. Il suffit par exemple de regarder comment le problème précédent a été résolu. Mais la meilleure manière de tirer pleinement parti de la somme des chiffres c'est de la considérer modulo 9. On peut rappeler que, modulo 9, un nombre est congru à la somme de ses chiffres ; par exemple,

$$\begin{aligned} 3297 &\equiv 3\times 10^3+2\times 10^2+9\times 10^1+7\times 10^0 \pmod 9\\ &\equiv 3\times 1^3+2\times 1^2+9\times 1^1+7\times 1^0 \pmod 9\\ &\equiv 3+2+9+7 \pmod 9 \end{aligned}$$

car 10 est congru à 1 (mod 9).

Ainsi, après transformation, notre nouvelle question s'énonce comme suit :

> Existe-t-il une puissance de 2 telle que l'on puisse écrire une autre puissance de 2 avec le même nombre de chiffres et qui possède la même somme de chiffres *modulo* 9 que la puissance de 2 originale ?

Maintenant, nous pouvons nous servir du fait qu'un nombre est congru à la somme de ses chiffres modulo 9 pour reformuler encore la question :

> Existe-t-il une puissance de 2 telle que l'on puisse écrire une autre puissance de 2 avec le même nombre de chiffres *et* le même reste (mod 9) que la puissance de 2 originale ?

Notez que les notions désagréables de « réagencement de chiffres », « ensemble de chiffres » et « somme de chiffres » ont été totalement éliminées, ce qui semble prometteur. Du coup, modifions le tableau relatif aux sommes des chiffres des puissances de 2 et voyons ce que nous obtenons.

Puissance de 2	Reste (mod 9)	Puissance de 2	Reste (mod 9)	Puissance de 2	Reste (mod 9)
1	1	256	4	65 536	7
2	2	512	8	131 072	5
4	4	1 024	7	262 144	1
8	8	2 048	5	524 288	2
16	7	4 096	1	1 048 576	4
32	5	8 192	2		
64	1	16 384	4		
128	2	32 768	8		

Ce qu'il nous reste à prouver, c'est qu'il n'existe pas deux puissances de 2 qui ont le même reste (mod 9) et le même nombre de chiffres. En regardant le tableau, on voit bien que de nombreuses puissances de 2 ont le même reste : 1, 64, 4096 et 262144 par exemple. Mais aucune de ces quatre puissances n'a le même nombre de chiffres. En fait, les puissances de 2 qui ont le même reste (mod 9) semblent être tellement éloignées qu'il n'y a aucune chance pour qu'elles aient aussi le même nombre de chiffres. De plus, les puissances de 2 avec le même reste ont l'air d'être très régulièrement espacées... et on peut rapidement se rendre compte que les restes (mod 9) se répètent tous les six pas. Cette conjecture se démontre aisément avec les congruences :

$$2^{n+6} \equiv 2^n 2^6 \equiv 2^n \times 64 \equiv 2^n \pmod 9 \text{ car } 64 \equiv 1 \pmod 9.$$

Ce résultat indique que les restes des puissances de 2 vont se succéder en se répétant sans fin, comme dans le cas d'un nombre dont le développement décimal est périodique : 1, 2, 4, 8, 7, 5, 1, 2, 4, 8, 7, 5, 1, 2, 4, 8, 7, 5,... Ce qui veut dire que deux puissances de 2 avec la même somme de chiffres (mod 9) sont séparées d'au moins six pas. Mais alors ces deux puissances de 2 ne peuvent avoir le même nombre de chiffres, car l'une serait au moins 64 fois plus grande que l'autre. Par conséquent, cela signifie qu'il n'existe pas de puissances de 2 avec le même nombre de chiffres et la même somme de chiffres (mod 9).

Nous venons donc de répondre à notre question modifiée et nous pouvons maintenant travailler à rebours pour revenir au problème initial et rédiger la preuve complète.

DÉMONSTRATION. Supposons que deux puissances de 2 se correspondent par une permutation de leurs chiffres. Ceci signifie qu'elles ont le même nombre de chiffres et aussi la même somme de chiffres (mod 9). Mais les sommes de chiffres (mod 9) sont périodiques, de période 6, sans qu'il y ait de répétitions au sein d'une période donnée, donc les deux puissances considérées sont distantes d'au moins six pas. Mais alors, il est impossible qu'elles aient le même nombre de chiffres, d'où la contradiction. □

Ce problème a été simplifié, à plusieurs reprises, jusqu'à ce que ses éléments les plus inutilisables et les plus déplaisants aient été échangés contre des notions plus naturelles, plus souples et plus coopératives. Cette simplification peut être parfois une affaire assez aléatoire; il y a toujours le danger de trop simplifier ou de mal simplifier (en simplifiant d'une manière qui nous amène à suivre une fausse piste). Mais face à cette question, pratiquement n'importe quelle modification était préférable aux essais de permutations de chiffres, donc une simplification n'aurait pu causer de réels préjudices. Il y a le risque qu'en manœuvrant et en simplifiant vous tombiez dans des recherches futiles, mais de toute façon, si vous étes vraiment bloqués, cela vaut la peine d'essayer.

2. Équations diophantiennes

Une *équation diophantienne* est une équation polynomiale (la plus classique étant $a^2 + b^2 = c^2$) avec la contrainte que tous les coefficients sont entiers. Le but habituel est de trouver toutes les solutions (entières) de l'équation. En règle générale, il existe plus d'une solution. Ces équations peuvent se résoudre de manière algébrique, mais on peut aussi utiliser des méthodes issues de l'arithmétique comme la division euclidienne, les congruences et la décomposition en facteurs. Voici un problème diophantien :

PROBLÈME 2.3. (Australian Mathematics Competition 1987, p. 15.) Trouver tous les entiers n tels que l'équation

$$\frac{1}{a}+\frac{1}{b}=\frac{n}{a+b}$$

soit vérifiée pour des valeurs entières non nulles de a et b (avec $a+b \neq 0$).

Cela ressemble à une équation diophantienne classique, donc nous voudrions sans doute commencer par réduire les deux membres au même dénominateur afin d'obtenir

$$\frac{a+b}{ab}=\frac{n}{a+b}$$

puis

$$(a+b)^2 = nab. \tag{2}$$

Et maintenant ? Nous pourrions soit éliminer la quantité n et écrire que

$$ab \mid (a+b)^2$$

(en nous servant du symbole de divisibilité | que nous avons déjà utilisé dans le problème 2.1), soit tenter de nous concentrer sur le fait que nab est un carré. Ces techniques sont bonnes, mais elles ne semblent pas fonctionner dans ce cas précis. Les rapports entre le premier et le second membre de l'équation (2) ne sont pas assez étroits. D'un côté, un carré, de l'autre, un produit.

Il y a une chose à bien garder présente à l'esprit quand on résout des problèmes de mathématiques, c'est qu'il faut toujours être prêt à abandonner une approche intéressante –

mais infructueuse – et à en essayer une autre plus prometteuse. On pourrait commencer par attaquer le problème de manière algébrique, puis réappliquer la théorie des nombres plus tard si l'algèbre échoue. En développant (2) et en réduisant les termes, nous obtenons

$$a^2 + (2-n)ab + b^2 = 0,$$

et si nous sommes assez courageux pour utiliser la formule de résolution de l'équation du second degré, nous obtenons

$$a = \frac{b}{2}\left[(n-2) \pm \sqrt{(n-2)^2 - 4}\right].$$

La racine carrée semble déplacée dans ce contexte, mais nous pouvons tourner ce fait à notre avantage. Nous savons que a, b et n sont des entiers et que la formule comprend une racine carrée. Tous ces faits ne sont compatibles que si le terme sous la racine carrée, $(n-2)^2 - 4$, est un carré parfait. Ceci implique tout d'abord qu'un carré moins 4 est encore un carré. C'est très restrictif. Comme l'écart entre deux carrés consécutifs devient très vite plus grand que 4, nous n'avons besoin que de tester les petites valeurs de n. Il s'avère que $(n-2)^2$ doit être égal à 4 et, par conséquent, que n est égal à 0 ou 4. Nous allons maintenant examiner les deux cas séparément, en trouvant pour chacun soit un exemple de a et de b, soit la preuve qu'un tel exemple n'existe pas.

Cas 1 : $n = 0$. En injectant cette valeur dans (2), nous obtenons $(a+b)^2 = 0$, ce qui implique $a + b = 0$. Mais ceci est impossible, car dans l'équation originale, nous aurions une division par 0, ce qui n'est pas permis. Donc n ne peut être égal à 0.

Cas 2 : $n = 4$. Cette fois, (2) nous donne $(a+b)^2 = 4ab$, et après avoir développé et réduit l'expression, nous avons $a^2 - 2ab + b^2 = 0$. La factorisation nous fournit $(a-b)^2 = 0$, ce qui entraîne que a doit être égal à b. Il ne s'agit pas d'une contradiction, et un exemple : $a = b$, $n = 4$, fonctionne lorsqu'on remplace les valeurs dans l'équation originale (2).

Finalement, notre réponse était $n = 4$, mais elle a été obtenue par l'emploi bien peu élégant de la formule de résolution de l'équation du second degré. En général, l'utilisation de cette formule est plutôt une maladresse, mais comme elle introduit une racine carrée, qui implique que le terme sous la racine doit être un carré parfait, elle devient quelquefois pertinente.

Les questions diophantiennes peuvent devenir extrêmement difficiles lorsque l'une des variables se trouve en exposant ; le plus célèbre des problèmes de ce genre est le dernier théorème de Fermat, qui assure qu'il n'existe pas de solutions entières à l'équation $a^n + b^n = c^n$ dès que $n > 2$. Heureusement, il y a d'autres problèmes, mettant en jeu des exposants, qui sont plus faciles à traiter.

PROBLÈME 2.4. (Taylor 1989, p. 7.) Trouver toutes les solutions de l'équation $2^n + 7 = x^2$ où n et x sont entiers.

Ce genre de question nécessite de nombreux essais et erreurs avant de trouver la bonne voie. Avec les équations diophantiennes, les méthodes les plus élémentaires sont l'utilisation des congruences et la factorisation. Les congruences transposent la totalité de l'équation via un module approprié, parfois constant (par exemple $\pmod 7$ ou $\pmod{16}$) et parfois variable (par exemple $\pmod{pq}$). La factorisation convertit le problème sous la forme (facteur)×(facteur) = (résultat agréable), où le second membre peut être une constante (c'est le meilleur dénouement possible), un nombre premier, un carré ou n'importe quel résultat qui possède un choix limité de facteurs. Par exemple, dans le problème 2.3, les deux méthodes ont été considérées très tôt, puis écartées au profit d'une approche algébrique, qui est en fait une technique de factorisation déguisée (vous vous souvenez que nous avions finalement obtenu $(n-2)^2 - 4 =$ un carré ?).

Évidemment, il est préférable de tester en premier lieu les techniques élémentaires, car cela pourra nous éviter de tourner en rond ultérieurement. On pourrait abandonner ces méthodes et essayer d'analyser l'équation approchée suivante

$$x = \sqrt{2^n + 7} \approx 2^{\frac{n}{2}},$$

ce qui peut déboucher sur des notions difficiles de théorie des nombres, comme les fractions continues, l'équation de Pell-Fermat et les relations de récurrence. C'est envisageable ; mais nous allons chercher une solution plus élégante (c'est-à-dire moins fatigante).

Obtenir une factorisation pratique est quasiment impossible, sauf lorsque n est pair. Dans ce cas, nous avons une différence de deux carrés (une factorisation essentielle dans le contexte des équations diophantiennes) qui s'écrit

$$7 = x^2 - 2^n = (x - 2^m)(x + 2^m),$$

avec $m = \frac{n}{2}$. Nous en déduisons que $(x - 2^m)$ et $(x + 2^m)$ étant des diviseurs de 7, ils ne peuvent prendre comme valeurs que -7, -1, 1 ou 7 ; et un raisonnement par disjonction de cas nous prouve qu'il n'y a pas de solutions en supposant n pair. Mais c'est à peu près tout ce que la méthode par factorisation peut nous apporter ; en particulier, elle ne nous dit pas où se trouvent les véritables solutions ni combien il en existe. (Cependant, nous savons maintenant que n doit être impair.)

L'approche par les congruences est la prochaine sur la liste. La stratégie consiste à utiliser un module qui permette de se débarrasser d'au moins un des termes. Par exemple, nous pourrions écrire l'équation modulo x afin d'obtenir

$$2^n + 7 \equiv 0 \pmod{x},$$

ou modulo 7, pour avoir

$$2^n \equiv x^2 \pmod{7}.$$

Malheureusement, ces méthodes ne fonctionnent pas du tout. Toutefois, avant d'abandonner, il reste encore un module à essayer. Nous avons tenté d'éliminer les termes « 7 » et « x^2 » ; pouvons-nous faire disparaître le terme « 2^n » à la place ? Oui, en nous plaçant (mod 2). Nous obtenons alors

$$0+7 \equiv x^2 \pmod 2$$

si $n > 0$, et

$$1+7 \equiv x^2 \pmod 2$$

si $n = 0$.

Ce n'est pas trop mal puisque nous avons presque éliminé complètement le rôle du n. Mais ça ne marche quand même toujours pas car le terme x^2 du second membre pourrait être égal à 0 ou 1 et que nous n'avons donc pas réellement écarté de possibilités. Pour restreindre les valeurs de x^2, nous devons choisir un module différent. Avec cet objectif en vue – restreindre les valeurs du second membre – on peut maintenant songer à essayer le module 4 au lieu de 2 :

$$2^n + 7 \equiv x^2 \pmod 4.$$

Autrement dit, nous avons

$$0+3 \equiv x^2 \pmod 4 \quad \text{si } n > 1, \tag{3}$$

$$2+3 \equiv x^2 \pmod 4 \quad \text{si } n = 1, \tag{4}$$

$$1+3 \equiv x^2 \pmod 4 \quad \text{si } n = 0. \tag{5}$$

Comme un carré est forcément congru à 0 (mod 4) ou à 1 (mod 4), nous pouvons éliminer la possibilité (3). Ce qui signifie que n est égal à 0 ou à 1. Une vérification rapide prouve que l'unique valeur qui puisse marcher est $n = 1$, et que x doit donc être égal à +3 ou −3.

Dans le contexte des équations diophantiennes, l'idée importante, lorsque le problème à résoudre est du type « trouver toutes les solutions », est d'éliminer la plupart des possibilités, à l'exception d'un nombre fini. C'est une des raisons qui explique pourquoi travailler $\pmod 7$ ou $\pmod x$ ne servait à rien ; si ces méthodes avaient fonctionné, elles auraient conduit à éliminer tous les cas, alors que l'approche $\pmod 4$ conservait quelques solutions et supprimait toutes les autres.

EXERCICE 2.2. Trouvez le plus grand entier naturel n tel que $n^3 + 100$ soit divisible par $n + 10$. (*Indications.* Placez-vous modulo $(n + 10)$. Débarrassez-vous du n en utilisant le fait que $n \equiv -10 \pmod{n+10}$.)

3. Sommes de puissances

PROBLÈME 2.5. (Hajós *et al.* 1963, p. 74.) Démontrer que pour tout entier naturel n (positif ou nul), la quantité $1^n + 2^n + 3^n + 4^n$ est divisible par 5 si et seulement si n n'est pas divisible par 4.

Au premier abord, ce problème paraît assez intimidant : des équations comme celle ci-dessus peuvent évoquer celle du grand théorème de Fermat, célèbre pour la difficulté de sa démonstration. Mais notre question est quand même plus accessible. Nous souhaitons prouver qu'une certaine quantité est (ou n'est pas) divisible par 5. Sauf si une factorisation s'avère évidente, nous aurons à utiliser l'approche par les congruences. (C'est-à-dire, montrer que $1^n + 2^n + 3^n + 4^n \equiv 0 \pmod 5$ si n n'est pas divisible par 4, et $1^n + 2^n + 3^n + 4^n \not\equiv 0 \pmod 5$ sinon.)

La petitesse des nombres mis en jeu nous permet d'évaluer manuellement certaines valeurs de l'expression $1^n+2^n+3^n+4^n \pmod 5$. La meilleure façon de procéder consiste à calculer tout d'abord individuellement $1^n \pmod 5$, $2^n \pmod 5$, $3^n \pmod 5$ et $4^n \pmod 5$ avant d'effectuer leur somme :

(mod 5)

n	1^n	2^n	3^n	4^n	$1^n+2^n+3^n+4^n$
0	1	1	1	1	4
1	1	2	3	4	0
2	1	4	4	1	0
3	1	3	2	4	0
4	1	1	1	1	4
5	1	2	3	4	0
6	1	4	4	1	0
7	1	3	2	4	0
8	1	1	1	1	4

L'évidence d'une certaine périodicité nous saute aux yeux. En fait, $1^n, 2^n, 3^n$ et 4^n sont tous périodiques, de période 4. Pour démontrer cette conjecture, nous pouvons simplement jouer avec la définition de la périodicité.

Prenons par exemple 3^n. Dire que cette quantité est périodique de période 4 signifie simplement que

$$3^{n+4} \equiv 3^n \pmod 5.$$

Ceci se démontre aisément puisque

$$3^{n+4} \equiv 3^n \times 81 \equiv 3^n \pmod 5,$$

car $81 \equiv 1 \pmod 5$.

De manière similaire, nous pourrions prouver que $1^n, 2^n$ et 4^n sont périodiques de période 4. Ainsi, $1^n + 2^n + 3^n + 4^n$ est périodique de période 4. Par conséquent, nous devons seulement démontrer notre assertion pour $n = 0, 1, 2, 3$, puisque la périodicité se chargera de propager la vérité de la propriété à toutes les autres valeurs de n. Or, nous avons déjà démontré que la propriété était vraie dans les quatre cas considérés (voir le tableau ci-dessus). Donc nous avons terminé. (À propos, il existe une méthode plus élémentaire si nous supposons que n est impair : il suffit de grouper les termes par paires avant de les éliminer.)

Chaque fois qu'il s'agit de résoudre des équations faisant intervenir un paramètre (dans ce cas : n), la périodicité est bien pratique, puisqu'il est alors inutile de tester toutes les valeurs du paramètre pour vérifier l'équation. La vérification sur une seule période (par exemple $n = 0, 1, 2$ et 3) suffit.

EXERCICE 2.3. Montrez que l'équation $x^4 + 131 = 3y^4$ n'admet pas de solutions entières.

Nous considérons maintenant un problème plus délicat concernant les sommes de puissances.

PROBLÈME 2.6. (Shklarsky *et al.* 1962, p. 14.) ($\star\star$) Soient k, n des entiers naturels avec k impair. Montrer que la somme $1^k + 2^k + \cdots + n^k$ est divisible par $1 + 2 + \cdots + n$.

En fait, ce problème est un exercice classique du cours sur les polynômes de Bernoulli (ou une conséquence astucieuse du principe fondamental de factorisation des polynômes[3]), une partie intéressante des mathématiques étudiées dans l'enseignement supérieur et qui possède de nombreuses applications. Mais en évitant l'argument massue des polynômes de Bernoulli (ou de la fonction ζ de Riemann) nous pouvons simplement utiliser la bonne vieille théorie des nombres.

Tout d'abord, nous savons que $1 + 2 + \cdots + n$ s'écrit aussi sous la forme $\frac{n(n+1)}{2}$. Quelle forme allons-nous utiliser? La première est plus esthétique, mais certainement peu pratique dans le cadre d'une question de divisibilité. (Il est toujours plus facile d'avoir un diviseur qui s'exprime comme un produit plutôt que comme une somme.) Il aurait été utile qu'il existe une factorisation de $1^k + 2^k + \cdots + n^k$ qui s'écrive à l'aide de $1 + 2 + \cdots + n$, mais il n'y en a pas (en tout cas, il n'y en a pas d'évidente). S'il existait une manière de relier la divisibilité par $1 + 2 + \cdots + n$ à la divisibilité par $1 + 2 + \cdots + (n + 1)$, alors

3. Cette propriété sera utilisée dans le chapitre 3.

un raisonnement par récurrence fournirait une issue, mais là encore, c'est peu probable. Nous allons donc plutôt essayer d'utiliser la forme $\frac{n(n+1)}{2}$.

Par conséquent, en nous servant des congruences (qui s'avèrent être le moyen le plus souple pour démontrer qu'un nombre en divise un autre), notre objectif est de prouver que

$$1^k + 2^k + \cdots + n^k \equiv 0 \pmod{\frac{n(n+1)}{2}}.$$

Ignorons pour le moment le « 2 » au dénominateur de la fraction $\frac{n(n+1)}{2}$. Nous essayons donc de démontrer quelque chose de la forme

$$(\text{facteur } 1) \times (\text{facteur } 2) \mid (\text{expression}).$$

Si les deux facteurs sont premiers entre eux, alors notre objectif équivaut à démontrer séparément que

$$(\text{facteur } 1) \mid (\text{expression}) \quad \text{et} \quad (\text{facteur } 2) \mid (\text{expression}).$$

Ce devrait être plus facile à démontrer : il est plus simple de prouver la divisibilité lorsque les diviseurs sont plus petits. Mais sur le chemin, il y a cet agaçant « 2 ». Pour le contourner, nous allons séparer les cas en les distinguant suivant la parité [4] de n. Les deux cas se traitent de manière similaire et je vais m'occuper seulement de la situation où on suppose que n est pair. Dans ce cas nous pouvons écrire $n = 2m$ (de façon à éviter d'avoir à considérer des termes compliqués en « $\frac{n}{2}$ » dans les équations suivantes – un peu de ménage dans ce genre de choses permet à la solution de se dérouler sans accrocs). En remplaçant tous les « n » par des « $2m$ », nous devons donc démontrer que

$$1^k + 2^k + \cdots + (2m)^k \equiv 0 \pmod{m(2m+1)},$$

4. Une autre façon de faire consiste à multiplier par 2 chacun des membres et nous avons alors à démontrer que $2(1^k + 2^k + \cdots + n^k) \equiv 0 \pmod{n(n+1)}$. On termine ensuite à peu près de la même manière que dans l'approche présentée ci-après.

et comme m et $2m+1$ sont premiers entre eux, cela équivaut à prouver que

$$1^k + 2^k + \cdots + (2m)^k \equiv 0 \pmod{2m+1}$$

et que

$$1^k + 2^k + \cdots + (2m)^k \equiv 0 \pmod{m}.$$

Traitons tout d'abord la partie $\pmod{2m+1}$. Elle est assez semblable au problème 2.5, et même un peu plus facile parce que nous savons que k est impair. En nous plaçant modulo $2m+1$, $2m$ est congru à -1, $2m-1$ est congru à -2 et ainsi de suite, donc notre expression $1^k + 2^k + \cdots + (2m)^k$ devient

$$1^k + 2^k + \cdots + m^k + (-m)^k + \cdots + (-2)^k + (-1)^k \pmod{2m+1}.$$

Nous avons transformé l'écriture de manière à pouvoir réaliser d'appréciables simplifications. k est impair, donc $(-1)^k$ est égal à -1. Par conséquent $(-a)^k = -a^k$. Le résultat de ces opérations c'est que les termes de la somme précédente s'annulent deux à deux : 2^k et $(-2)^k$ s'éliminent, de même que 3^k et $(-3)^k$, etc., ce qui laisse $0 \pmod{2m+1}$, comme souhaité.

Occupons-nous maintenant de la partie $\pmod{m}$: ce que nous devons faire, c'est montrer que

$$1^k + 2^k + \cdots + (m-1)^k + m^k + (m+1)^k + \cdots + (2m-1)^k + (2m)^k \equiv 0 \pmod{m}.$$

Comme nous travaillons modulo m, certains des termes ci-dessus se simplifient. m et $2m$ sont tous deux congrus à $0 \pmod{m}$, tandis que $m+1$ est congru à 1, $m+2$ est congru à 2, et ainsi de suite. Par conséquent, la somme précédente se simplifie en

$$1^k + 2^k + 3^k + \cdots + (m-1)^k + 0^k + 1^k + \cdots + (m-1)^k + 0^k \pmod{m}.$$

De nombreux termes apparaissent donc deux fois, aussi, en recombinant (et en nous débarrassant des 0), nous obtenons

$$2(1^k + 2^k + 3^k + \cdots + (m-1)^k) \pmod{m}.$$

Maintenant, nous pouvons pratiquement procéder comme dans le cas (mod $2m+1$), à l'exception d'un petit problème qui se pose lorsque m est pair. Si m est impair, nous pouvons réécrire l'expression ci-dessus ainsi :

$$2\left(1^k + 2^k + 3^k + \cdots + \left(\frac{m-1}{2}\right)^k + \left(\frac{-(m-1)}{2}\right)^k + \cdots + (-2)^k + (-1)^k\right) \pmod{m},$$

et suivre la même procédure d'élimination des termes que précédemment. Mais si m est pair (disons $m = 2p$), alors il existe un terme au milieu, p^k, qui ne s'annule pas avec une autre quantité. Autrement dit, dans ce cas, l'expression ne se réduit pas à 0 immédiatement : au lieu de ça, elle est réduite à

$$2p^k \pmod{2p}.$$

Cette dernière est, bien sûr, congrue à 0. Ainsi, quelle que soit la parité de m, nous avons établi que $1^k + 2^k + \cdots + n^k$ est divisible par $\frac{n(n+1)}{2}$ lorsque n est pair.

EXERCICE 2.4. Terminez la résolution du problème précédent en examinant ce qui arrive dans le cas où n est impair.

Tournons-nous à présent vers un type particulier de problème concernant les « sommes de puissances », à savoir les sommes d'inverses.

PROBLÈME 2.7. (Shklarsky *et al.* 1962, p. 17.) Soit p un nombre premier strictement supérieur à 3. Montrer que le numérateur de la fraction

$$\frac{1}{1}+\frac{1}{2}+\frac{1}{3}+\cdots+\frac{1}{p-1}$$

après réduction est divisible par p^2.
Par exemple, si p est égal à 5, la fraction s'écrit

$$\frac{1}{1}+\frac{1}{2}+\frac{1}{3}+\frac{1}{4}=\frac{25}{12},$$

et le numérateur est évidemment divisible par 5^2.

La question posée est du type « Montrer que… », et non pas de la forme « Trouver un… » ou « Prouver qu'il existe… », donc elle ne devrait pas être complètement inaccessible. Néanmoins, nous devons démontrer un résultat à propos du numérateur d'une fraction réduite – ce qui n'est pas quelque chose de facile à traiter ! Ce numérateur aura besoin d'être transformé en quelque chose de plus standard, comme une expression algébrique, de manière que nous puissions le manipuler plus aisément. De même, la question ne concerne pas seulement la divisibilité par un nombre premier, mais par le carré d'un nombre premier. Ce qui est considérablement plus difficile. D'une manière ou d'une autre, nous aimerions réduire le problème à une simple question de divisibilité par un nombre premier afin de le rendre plus facile à résoudre.

Par conséquent, en observant l'aspect de la question, nous devons garder à l'esprit les objectifs suivants :

(a) Exprimer le numérateur sous la forme d'une expression mathématique telle que nous puissions la manipuler.
(b) Travailler à réduire le problème qui concerne une divisibilité par p^2 en quelque chose de plus simple, comme par exemple une divisibilité par p.

Commençons par le point (a). Tout d'abord, nous pouvons facilement disposer d'un numérateur, mais pas nécessairement du numérateur réduit. En ajoutant les fractions, après réduction au même dénominateur, nous obtenons

$$\frac{2.3.\ldots.(p-1)+1.3.\ldots.(p-1)+\cdots+1.2.3.\ldots.(p-2)}{(p-1)!}.$$

Supposons maintenant que nous réussissions à prouver que le numérateur de cette fraction est divisible par p^2. En quoi cela nous aiderait-il à démontrer que le numérateur réduit est aussi divisible par p^2 ? Déjà, qu'est-ce-que c'est que le numérateur réduit? C'est le numérateur original après que certaines simplifications avec le dénominateur ont été réalisées. Ces simplifications peuvent-elles détruire la divisibilité par p^2 ? Oui, si un multiple de p est supprimé. Mais les multiples de p ne peuvent être supprimés puisque le dénominateur est premier avec p (p est premier et $(p-1)!$ peut s'exprimer comme un produit de facteurs tous strictement plus petits que p). Aha! Ça signifie qu'il nous suffit de démontrer que l'affreux numérateur ci-dessus est divisible par p^2. C'est mieux qu'avec l'autre dénominateur, car maintenant, nous avons une équation à résoudre :

$$2.3.\ldots.(p-1)+1.3.\ldots.(p-1)+\cdots+1.2.3.\ldots.(p-2) \equiv 0 \pmod{p^2}.$$

(Cette fois encore, nous avons basculé vers l'arithmétique modulaire, qui constitue généralement le meilleur moyen de montrer qu'un nombre en divise un autre. Cependant, si la question met en jeu plus d'une divisibilité, par exemple en impliquant tous les diviseurs d'un nombre donné, alors d'autres techniques pourront s'avérer plus appropriées.)

Même si nous disposons maintenant d'une équation, c'est un vrai bazar. Notre prochaine tâche est de simplifier tout cela. Ce que nous avons comme premier membre est une somme non explicite de produits non explicites. (Non explicite signifiant ici qu'il y a des parties comportant « trois petits points » dans l'expression.) Toutefois, nous pouvons représenter plus précisément ces produits non explicites. Chacun de ces produits correspond à la multiplication de tous les nombres compris entre 1 et $p-1$, à l'exception de l'un d'entre eux, disons i. Ces produits peuvent alors s'exprimer de manière plus compacte comme $\frac{(p-1)!}{i}$; remarquons qu'il est bien légitime de diviser par i modulo p^2 car i et p^2 sont premiers entre eux. Notre objectif est donc maintenant de prouver que

$$\frac{(p-1)!}{1}+\frac{(p-1)!}{2}+\frac{(p-1)!}{3}+\cdots+\frac{(p-1)!}{p-1}\equiv 0 \pmod{p^2}.$$

Factorisons le premier membre pour obtenir

$$(p-1)!\left(\frac{1}{1}+\frac{1}{2}+\frac{1}{3}+\cdots+\frac{1}{p-1}\right)\equiv 0 \pmod{p^2}. \tag{6}$$

(Rappelez-vous que nous travaillons dans le monde de l'arithmétique modulaire, et donc qu'un nombre comme $\frac{1}{2}$ sera congru à un entier. Par exemple, $\frac{1}{2}\equiv\frac{6}{2}\equiv 3 \pmod 5$.) Examinons ce que nous avons : c'est quelque chose de la forme

$$(\text{facteur})\times(\text{facteur})\equiv 0 \pmod{p^2}.$$

Si nous n'étions pas dans le cadre de l'arithmétique modulaire, nous pourrions immédiatement en conclure qu'au moins un des facteurs est égal à 0. Avec l'arithmétique modulaire, nous pouvons dire presque la même chose, mais il faut être prudent. Par chance, le premier facteur, $(p-1)!$, est premier avec p^2 (car $(p-1)!$ est premier avec p), donc nous pouvons diviser par ce terme. Le résultat de cette opération est que (6) équivaut à

$$\frac{1}{1}+\frac{1}{2}+\frac{1}{3}+\cdots+\frac{1}{p-1}\equiv 0 \pmod{p^2}.$$

(Notez que cette relation paraît très similaire à celle de la question originale, la seule différence étant qu'ici, nous considérons toute la fraction et pas uniquement son numérateur. Mais on ne pouvait sauter d'une forme à l'autre sans prendre quelques précautions. Les complications qui précèdent étaient nécessaires.)

Nous venons de réduire le problème à la résolution d'une équation d'arithmétique modulaire d'apparence plutôt anodine. Mais à partir de là, comment procéder? Un exemple pourra nous aider. Reprenons le même exemple que celui proposé dans la question, à savoir, $p = 5$. Nous avons

$$\begin{aligned}\frac{1}{1}+\frac{1}{2}+\frac{1}{3}+\frac{1}{4} &\equiv 1+13+17+19 \pmod{25}\\ &\equiv 0 \pmod{25}\end{aligned}$$

comme souhaité. Mais pourquoi cela fonctionne-t-il? Les nombres 1, 13, 17 et 19 semblent comme pris au hasard, mais leur somme tombe comme par magie sur le bon résultat. Peut-être s'agit-il d'un coup de chance. Essayons avec $p = 7$.

$$\begin{aligned}\frac{1}{1}+\frac{1}{2}+\frac{1}{3}+\frac{1}{4}+\frac{1}{5}+\frac{1}{6} &\equiv 1+25+33+37+10+41 \pmod{49}\\ &\equiv 0 \pmod{49}\end{aligned}$$

On retrouve le même caractère « chanceux ». Mais comment ça marche? Le processus qui annule tous les termes, modulo p^2, n'est pas clair du tout. En conservant l'objectif (b) en tête, nous pouvons peut-être démontrer tout d'abord la propriété $\pmod{p}$, c'est-à-dire, prouver que

$$\frac{1}{1}+\frac{1}{2}+\frac{1}{3}+\cdots+\frac{1}{p-1} \equiv 0 \pmod{p}. \tag{7}$$

À défaut d'autre chose, cela nous donne une tâche à accomplir. (De plus, si nous n'arrivons pas à résoudre ce problème $\pmod{p}$, il n'y a aucune chance pour que nous réussissions à résoudre le problème $\pmod{p^2}$.) Il s'avère bien plus facile de trouver une solution au problème simplifié (7). Par exemple, quand p est égal à 5, nous avons

$$\begin{aligned}\frac{1}{1}+\frac{1}{2}+\frac{1}{3}+\frac{1}{4} &\equiv 1+3+2+4 \pmod 5\\ &\equiv 0 \pmod 5,\end{aligned}$$

et, de même, lorsque p est égal à 7, nous avons

$$\begin{aligned}\frac{1}{1}+\frac{1}{2}+\frac{1}{3}+\frac{1}{4}+\frac{1}{5}+\frac{1}{6} &\equiv 1+4+5+2+3+6 \pmod 7\\ &\equiv 1+2+3+4+5+6 \pmod 7\\ &\equiv 0 \pmod 7.\end{aligned}$$

Nous voyons émerger une structure : les inverses $\frac{1}{1}, \frac{1}{2}, \ldots, \frac{1}{p-1} \pmod p$ semblent recouvrir exactement tous les résidus 1, $2, \ldots, (p-1) \pmod p$. Par exemple, dans la dernière équation avec $p = 7$, les nombres de la somme $1+4+5+2+3+6$ se rangent sous la forme $1+2+3+4+5+6$, qui est congrue à 0. Pour vérifier sur un exemple plus long, plaçons-nous $\pmod{11}$:

$$\begin{aligned}\frac{1}{1}+\frac{1}{2}+\cdots+\frac{1}{10} &\equiv 1+6+4+3+9+2+8+7+5+10 \pmod{11}\\ &\equiv 1+2+3+4+5+6+7+8+9+10 \pmod{11}\\ &\equiv 0 \pmod{11}.\end{aligned}$$

Cette tactique, qui met en évidence le fait que les inverses peuvent être rangées de manière bien ordonnée, fonctionne parfaitement $\pmod p$, mais ne se généralise pas facilement lorsqu'on se place $\pmod{p^2}$. Au lieu de nous escrimer à essayer de faire rentrer une pièce carrée dans un trou rond (bien que cela puisse être fait si on pousse assez fort), il est mieux de chercher une pièce plus arrondie. Par conséquent, ce qu'il nous reste à faire, c'est de trouver une autre preuve du fait que $\frac{1}{1}+\frac{1}{2}+\frac{1}{3}+\cdots+\frac{1}{p-1} \equiv 0 \pmod p$; une qui se généralise, au moins partiellement, au cas $\pmod{p^2}$).

Il est temps maintenant de profiter de notre expérience de ces sortes de problèmes. Par exemple, si nous venons juste de résoudre le problème 2.6, nous savons que la symétrie, ou l'antisymétrie, peuvent être exploitées, en particulier dans l'arithmétique modulaire. Afin de prouver la relation (7), nous pouvons rendre la somme plus antisymétrique en remplaçant $p-1$ par -1, $p-2$ par -2 et ainsi de suite, pour obtenir

$$\frac{1}{1}+\frac{1}{2}+\frac{1}{3}+\cdots+\frac{1}{p-1} \equiv \frac{1}{1}+\frac{1}{2}+\frac{1}{3}+\cdots+\frac{1}{-3}+\frac{1}{-2}+\frac{1}{-1} \pmod{p}.$$

Nous pouvons à présent grouper les termes par paires et les annuler facilement (il n'y a pas de « terme du milieu » qui resterait isolé, puisque p est un nombre premier impair). Pouvons-nous procéder de même $\pmod{p^2}$?

La réponse est « en quelque sorte ». Quand nous avons résolu le problème $\pmod{p}$, nous avons regroupé $\frac{1}{1}$ et $\frac{1}{p-1}$, $\frac{1}{2}$ et $\frac{1}{p-2}$, etc. En réalisant la même opération $\pmod{p^2}$, voilà

$$\begin{aligned}
&\frac{1}{1}+\frac{1}{2}+\cdots+\frac{1}{p-1}\\
&\quad\equiv \left(\frac{1}{1}+\frac{1}{p-1}\right)+\left(\frac{1}{2}+\frac{1}{p-2}\right)+\cdots+\left(\frac{1}{\frac{p-1}{2}}+\frac{1}{\frac{p+1}{2}}\right) \pmod{p^2}\\
&\quad\equiv \frac{p}{1\times(p-1)}+\frac{p}{2\times(p-2)}+\cdots+\frac{p}{\frac{p-1}{2}\times\frac{p+1}{2}} \pmod{p^2}\\
&\quad\equiv p\left(\frac{1}{1\times(p-1)}+\frac{1}{2\times(p-2)}+\cdots+\frac{1}{\frac{p-1}{2}\times\frac{p+1}{2}}\right) \pmod{p^2}.
\end{aligned}$$

À première vue, ça ressemble plus à une complexification qu'à une simplification. Mais nous avons réussi une très importante factorisation par p dans le second membre. Du coup, au lieu de devoir prouver une assertion du type

$$(\text{expression}) \equiv 0 \pmod{p^2},$$

nous avons maintenant à démontrer quelque chose comme

$$p \times (\text{expression}) \equiv 0 \pmod{p^2},$$

ce qui équivaut à démontrer un résultat de la forme

$$(\text{expression}) \equiv 0 \pmod{p}.$$

En d'autres termes, nous avons réduit le problème à la résolution d'une question (mod p) à la place d'une question (mod p^2). Voilà que nous avons atteint l'objectif (b) donné ci-dessus : réduire la question à une autre avec un module plus petit, ce qui vaut bien le léger accroissement de complexité.

De plus, on peut voir immédiatement que l'augmentation de la complexité de l'expression n'est qu'apparente, étant donné que le module p nous débarrassera de beaucoup plus de termes que ne l'aurait fait le module p^2. Finalement, il ne nous reste plus qu'à montrer que

$$\frac{1}{1 \times (p-1)} + \frac{1}{2 \times (p-2)} + \cdots + \frac{1}{\frac{p-1}{2} \times \frac{p+1}{2}} \pmod{p}.$$

Or $p-1$ est congru à -1 (mod p), $p-2$ est congru à -2 (mod p), et ainsi de suite, donc l'équation se simplifie en

$$\frac{1}{-1^2} + \frac{1}{-2^2} + \cdots + \frac{1}{-\left(\frac{p-1}{2}\right)^2} \equiv 0 \pmod{p},$$

ou de manière équivalente

$$\frac{1}{1^2} + \frac{1}{2^2} + \cdots + \frac{1}{\left(\frac{p-1}{2}\right)^2} \equiv 0 \pmod{p}.$$

Cette dernière équation n'est pas si mal, excepté le fait que la somme du premier membre se termine en un endroit bizarre (en $\frac{1}{\left(\frac{p-1}{2}\right)^2}$, au lieu de finir, par exemple, en $\frac{1}{(p-1)^2}$, qui semblerait plus naturel). Mais nous pouvons « dédoubler » les quantités, en nous servant du fait que $(-a)^2 = a^2$, pour obtenir

$$\frac{1}{1^2} + \frac{1}{2^2} + \frac{1}{3^2} + \cdots + \frac{1}{\left(\frac{p-1}{2}\right)^2}$$

$$\equiv \frac{1}{2}\left(\frac{1}{1^2} + \frac{1}{2^2} + \frac{1}{3^2} + \cdots + \frac{1}{\left(\frac{p-1}{2}\right)^2} \right.$$

$$\left. + \frac{1}{(-1)^2} + \frac{1}{(-2)^2} + \frac{1}{(-3)^2} + \cdots + \frac{1}{\left(-\left(\frac{p-1}{2}\right)\right)^2} \right) \pmod{p}$$

$$\equiv \frac{1}{2}\left(\frac{1}{1^2} + \frac{1}{2^2} + \cdots + \frac{1}{(p-1)^2} \right) \pmod{p}.$$

Ainsi, démontrer que $\frac{1}{1^2} + \frac{1}{2^2} + \cdots + \frac{1}{\left(\frac{p-1}{2}\right)^2}$ est congru à 0 (mod p) devient équivalent à démontrer que $\frac{1}{1^2} + \frac{1}{2^2} + \cdots + \frac{1}{(p-1)^2}$ est congru à 0 (mod p). Cette dernière expression est plus séduisante du fait de sa forme plus symétrique. (Il est bon de conserver la symétrie – jusqu'à ce qu'elle puisse donner tout son potentiel – tandis que l'antisymétrie est bonne à éliminer.)

Par conséquent, il nous suffit uniquement de démontrer que

$$\frac{1}{1^2} + \frac{1}{2^2} + \cdots + \frac{1}{(p-1)^2} \equiv 0 \pmod{p} \tag{8}$$

afin de prouver entièrement la proposition. Sur le plan tactique, il s'agit d'une bien meilleure formulation que celle de départ qui mettait en jeu les numérateurs et la p^2-divisibilité, laquelle est beaucoup plus forte (donc plus difficile à établir) que la simple p-divisibilité.

À présent, nous avons atteint tous nos objectifs tactiques et réduit le problème à des dimensions acceptables. Mais à partir de là, vers où devons-nous diriger nos pas ? Eh bien, la question semble très étroitement liée au problème que nous considérions précédemment (7). Toutefois, nous ne sommes pas en train de tourner en rond. Notre objectif actuel (8) entraîne la réponse à la question originale, tandis que (7) constituait simplement un aspect de la question, une version simplifiée de celle-ci. En fait, plutôt que de tourner en rond, nous avançons en spirale, en nous dirigeant progressivement vers une solution. Nous avons déjà démontré (7) : pouvons-nous prouver (8) en utilisant les mêmes méthodes ?

Et bien, nous avons de la chance parce que nous nous sommes servis de deux méthodes pour résoudre (7) : l'une par réagencement des inverses, l'autre par élimination de paires. La suppression des paires ne fonctionne malheureusement pas aussi bien avec (8) qu'avec (7), principalement à cause des carrés aux dénominateurs qui produisent de la symétrie au lieu de l'antisymétrie. Mais la méthode de réarrangement est prometteuse. Prenons encore une fois l'exemple où $p = 5$ (de manière à pouvoir réutiliser le travail antérieur) :

$$\begin{aligned}\frac{1}{1^2}+\frac{1}{2^2}+\frac{1}{3^2}+\frac{1}{4^2} &\equiv 1^2+3^2+2^2+4^2 \pmod 5\\ &\equiv 1^2+2^2+3^2+4^2 \pmod 5\\ &\equiv 0 \pmod 5.\end{aligned}$$

La manière dont tout ça fonctionne lorsque $p = 5$ montre la voie à suivre dans le cas général. En nous basant sur les exemples précédents, il semble que les classes des inverses $\frac{1}{1}, \frac{1}{2}, \frac{1}{3}, \ldots, \frac{1}{p-1}$ (mod p) soient un simple réarrangement des nombres 1, 2, $3, \ldots, (p-1) \pmod p$; une preuve de cette propriété sera donnée à la fin de cette discussion. Donc, nous pouvons affirmer, (mod p), que les nombres $\frac{1}{1^2}, \frac{1}{2^2}, \frac{1}{3^2}, \ldots, \frac{1}{(p-1)^2}$ sont simplement un réarrangement des nombres $1^2, 2^2, 3^2, \ldots, (p-1)^2$. Autrement dit,

$$\frac{1}{1^2}+\frac{1}{2^2}+\frac{1}{3^2}+\cdots+\frac{1}{(p-1)^2} \equiv 1^2+2^2+3^2+\cdots+(p-1)^2 \pmod p.$$

C'est une expression bien plus facile à manier, parce que nous avons enlevé les inverses qui sont vraiment pénibles lorsqu'il s'agit d'additionner des termes. En fait, nous pouvons même nous débarrasser entièrement de la somme, en utilisant la formule classique

$$1^2+2^2+\cdots+n^2=\frac{n(n+1)(2n+1)}{6}$$

(qui se démontre aisément par récurrence), donc nous avons réduit l'équation (8) à la question de prouver que

$$\frac{(p-1)p(2p-1)}{6}\equiv 0 \pmod{p}.$$

Or, on peut facilement démontrer que c'est vrai lorsque p est un nombre premier supérieur à 3 (parce que dans ce cas $\frac{(p-1)(2p-1)}{6}$ est un nombre entier).

Et voilà. Nous avons transformé progressivement l'équation de manière à obtenir des formulations de plus en plus simples, jusqu'à ce que les difficultés disparaissent complètement. Ç'a été un long parcours, mais c'est parfois le seul moyen de résoudre ces questions compliquées : une réduction étape par étape.

Quant à la preuve que les inverses $\frac{1}{1},\frac{1}{2},\frac{1}{3},\ldots,\frac{1}{p-1} \pmod{p}$ sont, à une permutation près, les nombres $1, 2, 3,\ldots,(p-1) \pmod{p}$, il suffit de remarquer que cela équivaut à dire que chaque reste non nul $\pmod{p}$ est l'inverse d'un et un seul reste non nul $\pmod{p}$, ce qui est évident.

EXERCICE 2.5. Soit n un entier supérieur ou égal à 2. Montrez que $\frac{1}{1}+\frac{1}{2}+\cdots+\frac{1}{n}$ *n'est pas* un entier. (Vous pouvez utiliser le *postulat de Bertrand* (en réalité, c'est un théorème), qui assure que pour tout entier naturel non nul m donné, il existe au moins un nombre premier strictement compris entre m et $2m$.)

EXERCICE 2.6. ($\star$) Soit p un nombre premier impair et k un entier naturel (non-nul) et non divisible par $p-1$. Montrez que $1^k + 2^k + 3^k + \cdots + (p-1)^k$ est divisible par p. (*Indications.* Puisqu'on doit envisager que k puisse être pair, on ne pourra pas toujours se servir de l'astuce qui consiste à supprimer des paires de termes. Cependant, la ruse de réarrangement restera efficace. Soit a un générateur de $\mathbb{Z}/p\mathbb{Z}$, tel que $a^k \not\equiv 1 \pmod{p}$. Calculez de deux façons différentes la valeur de l'expression $a^k + (2a)^k + \cdots + ((p-1)a)^k \pmod{p}$.)

Chapitre 3

Exemples en algèbre et analyse

> On ne peut échapper au sentiment... que ces formules mathématiques ont une existence indépendante et une intelligence qui leur est propre... qu'elles en savent plus que nous et qu'elles sont même plus savantes que ceux qui les ont découvertes... que nous pouvons en extraire plus de science qu'il n'en a été mis à l'origine.
>
> Heinrich Hertz, cité par F.J. Dyson

La plupart des gens identifie les mathématiques à l'algèbre. En un sens, c'est justifié. Les mathématiques sont l'étude d'objets abstraits, numériques, logiques ou géométriques, qui obéissent à un ensemble d'axiomes soigneusement choisis. Et, parmi les activités porteuses de sens, l'algèbre élémentaire est certainement la plus simple qui soit susceptible de satisfaire cette définition des mathématiques. Il y existe seulement environ une douzaine de postulats, mais c'est assez pour rendre le système admirablement symétrique. Mon identité algébrique favorite, pour donner un exemple, est

$$1^3 + 2^3 + 3^3 + \cdots + n^3 = (1 + 2 + 3 + \cdots + n)^2.$$

Ce qui signifie, notamment, que la somme des cubes des premiers entiers est toujours un carré ; par exemple, $1 + 8 + 27 + 64 + 125 = 225 = 15^2$.

Toutefois, il existe plus d'une algèbre. L'algèbre élémentaire est l'étude des nombres avec les opérations d'addition, de soustraction, de multiplication et division. Le calcul matriciel, par exemple, c'est à peu près la même chose mais les opérations se font sur des tableaux de nombres et non sur des nombres isolés. D'autres algèbres utilisent toutes sortes d'opérations et tous types de « nombres » mais, de manière parfois surprenante, elles ont tendance à présenter les mêmes propriétés que l'algèbre classique. Par exemple, une matrice carrée A peut, sous certaines conditions, satisfaire l'équation algébrique

$$(I - A)^{-1} = I + A + A^2 + A^3 + \cdots$$

L'algèbre est le fondement même d'une grande partie des mathématiques appliquées. Les problèmes de mécanique, d'économie, de chimie, d'électronique, d'optimisation, etc. sont résolus par l'algèbre et par le calcul différentiel, qui est une forme d'algèbre supérieure. En fait, l'importance de l'algèbre est telle que la plupart de ses secrets ont été percés – c'est pourquoi elle peut être introduite sans problème dans les programmes de l'enseignement secondaire. Cependant, on peut encore découvrir quelques perles ici ou là.

1. Analyse

L'analyse est également un sujet intensivement exploré, d'une portée aussi générale que l'algèbre : fondamentalement, l'analyse est l'étude des fonctions et de leurs propriétés. Plus les propriétés sont compliquées, plus l'analyse est « supérieure ». La forme la plus basique de l'analyse est l'étude de fonctions satisfaisant des propriétés algébriques simples : on peut, par exemple, considérer une fonction f telle que

(9) f est continue, $f(0) = 1$,
et $f(m+n+1) = f(m) + f(n)$ pour tous réels m et n

et ensuite obtenir les propriétés de cette fonction. Dans cet exemple, il y a exactement une fonction f qui vérifie les propriétés spécifiées, à savoir $f(x) = 1 + x$; nous laissons au lecteur le soin de démontrer cette proposition en exercice. Ces problèmes sont un moyen privilégié d'apprendre à réfléchir mathématiquement parce qu'on y trouve seulement un ou deux éléments d'information utilisables et qu'il doit donc y avoir une direction précise dans laquelle s'engager. C'est, en quelque sorte, une « mathématique miniature » où, à la place de trois douzaines d'axiomes et d'innombrables théorèmes, on a simplement une poignée d'hypothèses (ou de données) à utiliser. Et pourtant, elle nous réserve encore son lot de surprises.

EXERCICE 3.1. Soit f une fonction de $\mathbb{R}$ dans $\mathbb{R}$ vérifiant (9). Montrez que, pour tout x réel, $f(x) = 1 + x$. (*Indication.* Montrez d'abord que l'égalité est vraie pour tout x entier, puis pour tout x rationnel et finalement pour tout x réel.)

PROBLÈME 3.1. (Greitzer 1978, p. 19.) (⋆) Soit f une fonction de l'ensemble des entiers naturels non nuls vers lui-même, telle que $f(n+1) > f(f(n))$ pour tout $n \in \mathbb{N}$. Montrer qu'alors $f(n) = n$ pour tout entier naturel n non nul.

La condition fournie semble insuffisante pour démontrer ce qui est demandé. Après tout, comment une inégalité pourrait-elle être utilisée pour démontrer une égalité ? D'autres problèmes de ce type (exercice 3.1) font intervenir des équations fonctionnelles et sont plus faciles à traiter parce qu'on peut réaliser diverses substitutions pour transformer progressivement les hypothèses en quelque chose d'utilisable. La question posée ici semble complètement différente.

Cependant, une lecture attentive de l'énoncé nous permet de voir que la fonction prend des valeurs entières, à la différence de la plupart des questions impliquant des équations fonctionnelles dans lesquelles les applications sont généralement à valeurs réelles. Une façon de profiter immédiatement de cette spécificité consiste à rendre l'inégalité « plus forte » :

$$f(n+1) \geqslant f(f(n))+1. \tag{10}$$

Voyons maintenant ce que nous pouvons en déduire. La méthode classique pour résoudre ces inéquations consiste à remplacer la variable par des valeurs bien choisies; commençons donc avec $n=1$:

$$f(2) \geqslant f(f(1))+1.$$

Au premier coup d'œil, cela ne nous apprend pas grand-chose sur $f(2)$ ou $f(1)$, mais le $+1$ dans le membre de droite nous indique que $f(2)$ ne peut être trop petit. En fait, comme f est à valeurs entières strictement positives, $f(f(1))$ est au moins égal à 1, donc $f(2)$ est au moins égal à 2. Bien, puisque nous devons démontrer que $f(2)$ est justement égal à 2, nous sommes peut-être sur la bonne voie. (Essayez toujours d'utiliser des tactiques qui vous rapprochent de l'objectif jusqu'à ce que vous ayez épuisé toutes les approches directes disponibles. Alors seulement vous devrez penser à faire un pas de côté, ou, parfois, un pas en arrière.)

De la même manière, pouvons-nous établir que $f(3)$ est au moins égal à 3? Eh bien, nous pouvons toujours réessayer avec (10) qui nous donne $f(3) \geqslant f(f(2))+1$. En utilisant le même argument qu'auparavant, nous pouvons dire que $f(3)$ est au moins égal à 2. Mais pouvons-nous affirmer quelque chose de plus fort? Nous disions plus tôt que $f(f(1))$ est au moins égal à 1. Peut-être que $f(f(2))$ est au moins égal à 2? (En fait, puisque nous savons « secrètement » que $f(n)$ est en définitive égal à n, nous savons que $f(f(2))$ est égal à 2 – mais, pour l'instant, nous ne pouvons utiliser cette information, puisque nous ne pouvons nous servir du résultat qu'il s'agit de démontrer.) Avec ce raisonnement, nous pouvons appliquer encore une fois (10) :

$$f(3) \geqslant f(f(2))+1 \geqslant f(f(f(2)-1))+1+1 \geqslant 3.$$

Ici, nous avons remplacé la variable n de notre formule par $f(2)-1$. Cela a marché parce que nous savions déjà que $f(2)-1$ est au moins égal à 1. À ce qu'il semble, nous allons pouvoir montrer que $f(n) \geqslant n$. Comme nous nous sommes appuyés sur le fait que $f(2)$ est au moins égal à 2 pour démontrer que $f(3)$ est au moins égal à 3, la preuve générale sent la récurrence à plein nez.

Cependant, la récurrence est assez délicate. Considérons le prochain pas qui consiste à prouver que $f(4) \geqslant 4$. D'après (10), nous savons que $f(4) \geqslant f(f(3))+1$. Nous savons aussi que $f(3) \geqslant 3$ et nous voudrions en déduire que $f(f(3)) \geqslant 3$ afin de conclure que $f(f(3))+1 \geqslant 4$. Dans ce but, nous aimerions disposer d'une proposition du type « si $n \geqslant 3$, alors $f(n) \geqslant 3$ ». La manière la plus simple de procéder consiste à placer cette proposition dans la récurrence que nous essayons de démontrer. Plus précisément, nous allons montrer que :

LEMME 3.1. Si $m \geqslant n$, alors $f(m) \geqslant n$.

DÉMONSTRATION. Raisonnons par récurrence sur n.

- *Initialisation* ($n = 1$) : c'est évident. L'énoncé nous indique que $f(m)$ est un entier naturel non nul, donc $f(m)$ est supérieur ou égal à 1.
- *Hérédité* : supposons le résultat vrai pour un entier naturel non nul n donné (hypothèse de récurrence) et essayons de montrer que $f(m) \geqslant n+1$ pour tout $m \geqslant n+1$. Soit $m \geqslant n+1$. Nous pouvons utiliser (10) pour obtenir $f(m) \geqslant f(f(m-1))+1$. Or $m-1 \geqslant n$, donc $f(m-1) \geqslant n$ (par hypothèse de récurrence). Nous pouvons aller plus loin : puisque $f(m-1) \geqslant n$, l'hypothèse de récurrence conduit à $f(f(m-1)) \geqslant n$. Finalement, $f(m) \geqslant f(f(m-1))+1 \geqslant n+1$ ce qui achève la preuve de l'hérédité.

D'après le principe de récurrence, le lemme est démontré. □

En appliquant le lemme 3.1 au cas où $m = n$, nous atteignons notre premier objectif :

(11) $\quad f(n) \geqslant n$ pour tout entier naturel n non nul.

Et maintenant ? Eh bien comme à chaque fois que des questions mettent en jeu des équations fonctionnelles, sitôt que nous possédons un résultat nouveau, nous devons simplement jouer un peu avec et essayer de le combiner aux résultats précédents. Notre unique résultat précédent étant (10), nous pouvons donc insérer notre nouvelle relation dans (10). La seule propriété intéressante que nous obtenons est

$$f(n+1) \geqslant f(f(n)) + 1 \geqslant f(n) + 1,$$

la dernière inégalité venant dès lors que nous remplaçons n par $f(n)$ dans (11). Autrement dit,

$$f(n+1) > f(n).$$

C'est une formule très utile : elle signifie que f est une fonction strictement croissante ! (ce n'était pas si évident que ça avec la seule relation (10), n'est-ce pas ?) Ainsi, $f(m) > f(n)$ si et seulement si $m > n$. Par conséquent, nous pouvons réécrire l'inégalité originale

$$f(n+1) > f(f(n))$$

de la manière suivante :

$$n + 1 > f(n).$$

Et ceci, associé à (11), démontre le résultat souhaité.

PROBLÈME 3.2. (Australian Mathematics Competition 1984, p. 7.) Soit f une fonction définie sur l'ensemble des entiers naturels (strictement positifs) à valeurs entières et qui possède les propriétés suivantes :

(a) $f(2) = 2$

(b) $f(mn) = f(m)f(n)$ pour tous entiers naturels m et n non nuls

(c) $f(m) > f(n)$ si $m > n$.

Calculer $f(1983)$ (en justifiant votre réponse, bien sûr).

Ici, nous devons découvrir une valeur particulière de f. La meilleure façon de procéder est de déterminer toutes les valeurs prises par f, pas seulement $f(1983)$. (1983 est tout simplement l'année au cours de laquelle le problème a été posé.) Bien sûr, dans ce cas, nous supposons qu'il existe une unique fonction f. Mais la question suggère de manière implicite qu'il existe une seule valeur possible pour $f(1983)$ (sinon, il y aurait plusieurs réponses) et du fait de la banalité du nombre 1983, nous pouvons raisonnablement conjecturer qu'il y a bien une solution unique pour f.

Quelles sont les propriétés de f ? Nous savons que $f(2) = 2$. L'application répétée de la relation (b) conduit à $f(4) = f(2)f(2) = 4$, $f(8) = f(4)f(2) = 8$, etc. En fait, une récurrence immédiate montre que $f(2^n) = 2^n$ pour tout n. Donc $f(x) = x$ lorsque x est une puissance de 2. Peut-être que $f(x) = x$ pour tout x? En vérifiant si cette relation est compatible avec les conditions (a), (b) et (c), on voit que ça fonctionne : $f(x) = x$ est bien une solution au problème. Par conséquent, si nous estimons qu'il n'existe qu'une seule fonction solution f, alors c'est celle-là. Ainsi, nous préfèrerons sans doute maintenant démontrer la proposition plus générale, mais plus claire, suivante :

La seule fonction définie sur l'ensemble des entiers naturels non nuls, à valeurs entières et vérifiant les conditions (a), (b) et (c) est la fonction identité (c.à.d. $f(n) = n$ pour tout n).

Nous devons donc prouver que si f satisfait aux conditions (a), (b) et (c), alors $f(1) = 1$, $f(2) = 2$, $f(3) = 3$, etc. Essayons tout d'abord de démontrer que $f(1) = 1$ (avec les équations fonctionnelles, il faut toujours commencer par les premiers exemples afin de développer une « intuition » du mécanisme). Déjà, d'après (c), nous pouvons écrire $f(1) < f(2)$ et nous savons aussi que $f(2)$ est égal à 2, donc $f(1)$ est strictement inférieur à 2. Avec (b), nous obtenons (en prenant $n = 1$ et $m = 2$) :

$$f(2) = f(1)f(2)$$

et donc

$$2 = 2f(1),$$

ce qui implique que $f(1)$ est bien égal à 1, comme souhaité.

Nous savons maintenant que $f(1) = 1$ et $f(2) = 2$. Mais qu'en est-il de $f(3)$? La relation (a) ne nous est d'aucun secours et (b) nous donne seulement $f(3)$ en fonction d'autres nombres comme $f(6)$ ou $f(9)$, ce qui ne nous aide pas vraiment. (c) fournit

$$f(2) < f(3) < f(4).$$

Or $f(2)$ est égal à 2 et $f(4)$ est égal à 4, donc

$$2 < f(3) < 4.$$

Mais le seul entier compris entre 2 et 4 est 3. Par conséquent $f(3)$ est égal à 3.

Voilà qui nous donne une indication : $f(3)$ est égal à 3 uniquement à cause du fait que c'est un entier (voyez-vous combien tout ceci est similaire au problème précédent, $f(n+1) > f(f(n))$?). Sans cette restriction, $f(3)$ aurait très bien pu être égal à 2,1 ou 3,5 ou autre chose encore. Voyons si nous pouvons utiliser cette remarque dans d'autres cas.

Nous savons déjà que $f(4)$ est égal à 4 ; essayons maintenant de calculer $f(5)$. En utilisant (c), avec l'espoir de réitérer ce que nous avons réalisé pour calculer $f(3)$, nous obtenons

$$f(4) < f(5) < f(6).$$

Comme nous le disions, $f(4)$ est égal à 4. Mais qu'en est-il de $f(6)$? Soyons sans crainte : 6, c'est 2 fois 3, donc $f(6) = f(2)f(3) = 2 \times 3 = 6$. Par conséquent, $f(5)$ étant compris strictement entre 4 et 6 est nécessairement égal à 5. Cette approche semble bien nous réussir; nous avons d'ores et déjà calculé toutes les valeurs de $f(n)$ jusqu'à $n = 6$.

Comme notre raisonnement s'appuie sur des résultats passés pour établir de nouveaux faits, la preuve générale exhale un puissant parfum de récurrence. Et comme nous n'utilisons pas seulement un résultat précédent mais plusieurs, nous devrons certainement considérer la récurrence forte.

LEMME 3.2. Pour tout n, $f(n) = n$.

DÉMONSTRATION. Utilisons la récurrence forte. Vérifions tout d'abord que la propriété est vraie au rang 1 : a-t-on $f(1) = 1$? Oui, nous avons déjà démontré cette égalité. Supposons maintenant $m \geqslant 2$ et $f(n) = n$ pour tout n strictement inférieur à m. Il s'agit de prouver que $f(m) = m$. L'observation de quelques exemples nous convaincrait rapidement qu'il faut examiner deux cas : m pair et m impair.

Cas 1 : m est pair. Dans ce cas, nous pouvons écrire $m = 2n$ pour un certain entier n. n est strictement inférieur à m, donc, d'après l'hypothèse de récurrence, $f(n) = n$. Par conséquent $f(m) = f(2n) = f(2)f(n) = 2n = m$, comme souhaité.

Cas 2 : m est impair. Ici, nous avons $m = 2n + 1$. D'après (c), $f(2n) < f(m) < f(2n+2)$. Par hypothèse de récurrence, $f(2n) = 2n$ et $f(n+1) = n+1$ parce que $n+1$ et $2n$ sont tous deux strictement inférieurs à m. En appliquant (b) $f(2n+2) = f(2(n+1)) = f(2)f(n+1) = 2(n+1) = 2n+2$ et notre inégalité devient

$$2n < f(m) < 2n+2,$$

et donc $f(m) = 2n+1 = m$, ce qui est le résultat escompté. Ainsi, dans tous les cas, le principe de récurrence démontre que la propriété est vraie. □

Finalement, la récurrence forte nous a permis de démontrer que $f(n)$ doit être égal à n. La valeur de $f(1983)$ est donc 1983, et tout est dit.

EXERCICE 3.2. Montrez que le problème 3.2 peut encore être résolu si nous remplaçons (a) par la condition plus faible (a′) $f(n) = n$ pour au moins un entier $n \geqslant 2$.

EXERCICE 3.3. (⋆) Montrez que le problème 3.2 peut encore être résolu si nous autorisons $f(n)$ à être un nombre réel et non plus simplement un entier. (*Indication.* Essayez tout d'abord de prouver que $f(3) = 3$ en comparant $f(2^n)$ et $f(3^m)$ pour diverses valeurs des entiers n et m.) Pour un défi supplémentaire à relever, résolvez le problème 3.2 avec cette hypothèse *et* en remplaçant (a) par (a′).

EXERCICE 3.4. (Olympiades Mathématiques Internationales, 1986, Q5.). (⋆⋆) Déterminez toutes les fonctions f de l'ensemble $\mathbb{R}^+$ des réels positifs ou nuls dans lui-même vérifiant les trois propriétés :

(a) $f(xf(y))f(y) = f(x+y)$ pour tous réels x, y positifs ;
(b) $f(2) = 0$;
(c) $f(x) \neq 0$ pour tout $0 \leqslant x < 2$.

(*Indication.* La première condition porte sur des produits des valeurs prises par la fonction tandis que les deux autres conditions impliquent que la fonction prend une valeur nulle (ou non nulle). Bon, que peut-on dire lorsqu'un produit est égal à 0 ?)

2. Polynômes

De nombreuses questions d'algèbre sont relatives aux polynômes à une ou plusieurs variables, aussi, prenons quelques instants pour rappeler certaines définitions et quelques résultats au sujet de ces polynômes.

Un *polynôme à une variable* est une fonction, notons-la $f(x)$, de la forme

$$f(x) = a_n x^n + a_{n-1}x^{n-1} + a_{n-2}x^{n-2} + \cdots + a_1 x + a_0$$

ou, de manière plus formelle,

$$\sum_{i=0}^{n} a_i x^i.$$

Les coefficients a_i sont constants (dans cet ouvrage, ce seront toujours des nombres réels) et on suppose que $a_n \neq 0$. On appelle n le *degré* de f.

Les polynômes à plusieurs variables – par exemple, pour fixer les idées, disons à trois variables - ne s'expriment pas de manière aussi agréable que les polynômes en une indéterminée mais ils se révèlent toutefois très utiles. Bref, $f(x, y, z)$ est un *polynôme à trois variables* s'il peut s'écrire sous la forme

$$\sum_{k,l,m} a_{k,l,m} x^k y^l z^m,$$

où les coefficients $a_{k,l,m}$ sont des constantes (réelles) et la somme s'effectue sur tous les entiers naturels k, l, et m tels que $k + l + m \leqslant n$; on suppose que, parmi les coefficients $a_{k,l,m}$ non nuls, il en existe au moins un pour lequel $k + l + m = n$. Ici aussi, nous appelons n le *degré* de f. Si le degré est égal à 0, alors le polynôme est dit trivial ou constant. Si tous les coefficients $a_{k,l,m}$ non nuls vérifient $k + l + m = n$, alors f est dit *homogène de degré n*. Pour un polynôme homogène de degré n à m variables, on a

$$f(tx_1, tx_2, \ldots, tx_m) = t^m f(x_1, x_2, \ldots, x_m)$$

pour tous x_1, $x_2, \ldots, x_m$, t. Par exemple $x^2y + z^3 + xz$ est un polynôme à trois variables (x, y et z) de degré 3. Il n'est pas homogène car le terme xz est de degré 2.

On dit qu'un polynôme f à m variables se *factorise* en deux polynômes p et q si

$$f(x_1, x_2, \ldots, x_m) = p(x_1, x_2, \ldots, x_m) q(x_1, x_2, \ldots, x_m)$$

pour tous x_1, $x_2, \ldots, x_m$; p et q sont appelés les *facteurs* de f. Il est facile de démontrer que le degré d'un produit de polynômes est égal à la somme des degrés de ses facteurs. Un polynôme est dit *irréductible* s'il ne peut se factoriser en un produit de facteurs non triviaux.

Les *racines* d'un polynôme $f(x_1, x_2, \ldots, x_m)$ sont les valeurs de $(x_1, x_2, \ldots, x_m)$ pour lesquelles f est nulle, c'est-à-dire les valeurs telles que $f(x_1, x_2, \ldots, x_m) = 0$. Les polynômes à une variable peuvent avoir un nombre de racines au plus égal à leur degré ; en fait, si l'on tient compte des multiplicités et des racines complexes, les polynômes à une variable ont un nombre de racines exactement égal à leur degré. Par exemple, les racines d'un polynôme de degré deux $f(x) = ax^2 + bx + c$ sont données par la formule bien connue

$$x = \frac{-b \pm \sqrt{b^2 - 4ac}}{2a}.$$

Il existe aussi des formules pour obtenir les racines des polynômes de degrés trois et quatre mais elles sont bien plus compliquées et ne s'avèrent pas très utiles en pratique. Dès qu'on considère des polynômes de degré supérieur ou égal à cinq, il n'existe même plus de formule élémentaire dans le cas général ! Et pour les polynômes à plus de deux variables, c'est encore pire : typiquement, ils possèdent une infinité de racines.

Les racines d'un facteur constituent un sous-ensemble des racines du polynôme original; ce fait peut fournir des renseignements importants lorsqu'il s'agit de décider si un polynôme en divise un autre. En particulier, $x-a$ divise $f(x)$ si et seulement si $f(a)=0$, parce que le nombre a est une racine[1] du polynôme $x-a$. Ainsi, pour tout polynôme $f(x)$ à une variable et pour tout nombre réel t, $x-t$ divise $f(x)-f(t)$.

Attaquons-nous maintenant à quelques problèmes mettant en jeu des polynômes.

PROBLÈME 3.3. (Australian Mathematics Competition 1987, p. 13.) Soit a, b, c des nombres réels tels que

$$\frac{1}{a}+\frac{1}{b}+\frac{1}{c}=\frac{1}{a+b+c} \tag{12}$$

les dénominateurs étant tous non nuls. Démontrer que

$$\frac{1}{a^5}+\frac{1}{b^5}+\frac{1}{c^5}=\frac{1}{(a+b+c)^5}. \tag{13}$$

À première vue, ce problème paraît simple. On ne nous donne finalement qu'un seul renseignement, donc il devrait y avoir un raisonnement direct nous conduisant au résultat désiré. Une première tentative pour déduire la seconde égalité de la première pourrait consister à élever chacun des termes de (12) à la puissance cinq, ce qui fournirait quelque chose de similaire au résultat souhaité, mais avec plein de termes supplémentaires dans le premier membre. Il ne semble pas y avoir d'autres manipulations évidentes. Ce qui règle le sort de l'approche directe.

En y regardant de plus près, la première égalité paraît suspecte, comme une de ces formules à propos desquelles les

1. Dans l'ouvrage, c'est ce résultat qui a été nommé « principe fondamental de factorisation d'un polynôme ».

lycéens sont avertis qu'elles sont généralement fausses et qu'ils ne doivent pas les utiliser. Voilà qui nous donne notre première piste sérieuse : la première égalité doit restreindre un peu les valeurs prises par a, b et c. Ça vaut certainement la peine de reformuler l'égalité (12).

Réduire les fractions au même dénominateur constitue sans doute un bon début. En ajoutant les trois fractions du premier membre, nous obtenons

$$\frac{ab+bc+ca}{abc} = \frac{1}{a+b+c}$$

et les produits en croix nous donnent

$$ab^2 + a^2b + a^2c + ac^2 + b^2c + bc^2 + 3abc = abc. \tag{14}$$

À ce stade, on pourrait penser aux diverses inégalités qui seraient utilisables : Cauchy-Schwarz, inégalité arithmético-géométrique, etc. [Hardy 1975, pp. 33 – 34]. Ce qui serait bien, c'est que les nombres a, b et c soient forcés d'être positifs, mais il n'existe pas de telle contrainte : en fait, la relation ne peut pas être vérifiée si a, b et c sont tous positifs car dans ce cas, $\frac{1}{a+b+c}$ serait inférieure à chacune des trois fractions du premier membre de l'égalité (12).

Puisque (14) équivaut à (12) et s'exprime plus simplement du point de vue algébrique (il n'y a pas d'inverses dans (14)), nous pouvons essayer de déduire (13) de (14). Cette fois encore, une approche directe est impossible. Habituellement, les seules façons alternatives de déduire une égalité à partir d'autres égalités consistent à démontrer un résultat intermédiaire ou à effectuer des substitutions appropriées. (Il existe des méthodes plus exotiques, comme de considérer que (12) est la courbe de niveau 0 de la fonction $\frac{1}{a} + \frac{1}{b} + \frac{1}{c} - \frac{1}{a+b+c}$ et d'utiliser l'analyse pour déterminer la forme et les propriétés de cette courbe, mais, dans un premier temps, il est préférable de s'en tenir aux solutions les plus simples.)

Les substitutions ne semblent pas adaptées : les relations (12) et (14) ont déjà une forme simple et effectuer des substitutions ne les simplifierait pas davantage. Nous allons donc plutôt essayer de deviner, avant de le démontrer, un résultat intermédiaire. Le meilleur type de résultat intermédiaire est un paramétrage car dans ce cas, on peut l'injecter directement dans l'équation désirée. Une façon de paramétrer consiste à résoudre le problème selon une variable, disons a. Il n'est pas facile de résoudre l'équation (14) en a (sauf si vous être prêt à résoudre une équation du second degré). L'équation (12), elle, se résout très bien en a et on pourrait prouver le résultat demandé en résolvant tour à tour selon a, b et c afin d'en déduire un résultat intermédiaire (qui s'avère d'ailleurs équivalent au résultat que j'exposerai ci-dessous. Mais après tout, il est logique qu'il en soit ainsi, pas vrai ?). Au lieu de ça, je vais essayer quelque chose d'autre.

À défaut d'un paramétrage, on peut simplement réécrire (14) sous une forme plus pratique. Les solutions de (14) sont précisément les zéros du polynôme $ab^2+a^2b+a^2c+ac^2+b^2c+bc^2+2abc$. La meilleure manière de déterminer les racines d'un polynôme est de factoriser le polynôme (et vice-versa). Quels sont les facteurs ? Comme nous savons que (14) doit, d'une manière ou d'une autre, impliquer (13), nous sommes assurés qu'il existe une expression opérationnelle de (14) qui nous conduira à (13) ; et la seule expression opérationnelle d'un polynôme est sa décomposition en un produit de facteurs. Pour la trouver, il faut faire quelques essais. Le polynôme est homogène, donc ses facteurs doivent l'être aussi. Le polynôme est symétrique, donc ses facteurs doivent être symétriques les uns des autres. Le polynôme est de degré trois, donc l'un des facteurs doit être de degré un. Nous devons maintenant essayer les facteurs du type $a+b$, $a-b$, a, $a+b+c$, $a+b-c$, etc. (Des combinaisons comme $a+2b$ pourraient fonctionner mais elles ne sont pas aussi agréables, et, de toute façon, nous pourrons toujours les considérer dans un second temps.) Il apparaît immédiatement (en vertu du principe fondamental de factorisation des polynômes) que $a+b$, mais aussi $b+c$ et $c+a$ sont des facteurs du polynôme de degré 3. À partir de là, il est facile de vérifier que le polynôme s'écrit $(a+b)(b+c)(c+a)$. Ce qui signifie que (12) est vraie si et seulement si : $a+b=0$ ou $b+c=0$ ou $c+a=0$. Il ne reste plus qu'à introduire chacune de ces possibilités dans (13) et le tour est joué.

EXERCICE 3.5. Factorisez $a^3+b^3+c^3-3abc$.

EXERCICE 3.6. Trouvez tous les entiers a, b, c, d tels que $a+b+c+d=0$ et $a^3+b^3+c^3+d^3=24$. (*Indications.* Il n'est pas bien difficile de deviner quelques solutions de ces équations, mais pour montrer que vous les avez toutes, substituez la première équation dans la deuxième puis factorisez.).

La factorisation des polynômes, ou l'impossibilité d'une telle opération, est une partie fascinante des mathématiques. Le problème suivant est instructif car il nécessite d'utiliser pratiquement toutes les méthodes répertoriées dans ce livre pour trouver une solution.

PROBLÈME 3.4. (★★) Soit f un polynôme du type

$$f(x)=(x-a_1)^2(x-a_2)^2\ldots(x-a_n)^2+1,$$

où a_1, $a_2,\ldots,a_n$ sont des entiers distincts. Montrer qu'il n'admet pas de factorisation non triviale en produit de deux polynômes, chacun de ceux-ci étant à coefficients entiers.

Il s'agit d'une proposition générale : elle stipule, par exemple, que le polynôme

$$(x-1)^2(x+2)^2+1=x^4+2x^3-3x^2-4x+5$$

ne peut être factorisé sous la forme d'un produit de polynômes non triviaux à coefficients entiers. Comment prouver ce résultat ?

Eh bien, supposons que $f(x)$ s'écrive comme un produit de deux polynômes non triviaux à coefficients entiers, $p(x)$ et $q(x)$. Alors $f(x) = p(x)q(x)$ pour tout x. La belle affaire ! Mais souvenons-nous que f possède une propriété particulière : c'est en quelque sorte un « carré plus un ». Comment pourrions-nous utiliser cela ? Déjà, nous pouvons affirmer que $f(x)$ est toujours positif (et même $f(x) \geqslant 1$), mais ça ne nous apprend pas grand-chose sur $p(x)$ et $q(x)$ hormis qu'ils sont du même signe. Cependant, nous disposons d'une information supplémentaire : f n'est pas seulement un « carré plus un » ; le carré est en fait le carré d'une combinaison de facteurs linéaires. Pouvons-nous tirer profit de ces $(x - a_i)$?

Le facteur le plus intéressant que nous puissions avoir est 0 parce qu'alors l'expression entière est égale à 0. (En réalité, il existe des circonstances où la dernière chose que l'on puisse souhaiter c'est justement d'avoir un facteur nul tandis qu'on voudrait l'éliminer.). Bien évidemment, $(x - a_i)$ est égal à 0 lorsque x prend la valeur a_i, ce qui nous donne une idée : remplacer x par a_i dans l'expression f. Nous obtenons alors

$$f(a_i) = \ldots (a_i - a_i)^2 \ldots + 1 = 1.$$

En considérant à nouveau $p(x)$ et $q(x)$, le résultat précédent nous permet d'écrire

$$p(a_i)q(a_i) = 1.$$

Qu'est-ce que cela signifie ? Très peu de choses, sauf si l'on veut bien se rappeler que p et q sont à coefficients entiers et que les a_i sont aussi des entiers. Ceci a pour conséquence que $p(a_i)$ et $q(a_i)$ sont tous deux entiers. Donc nous avons deux entiers dont le produit est égal à 1. Ce qui ne peut se produire que si les entiers en question sont tous deux égaux soit à 1, soit à -1. En résumé :

$$p(a_i) = q(a_i) = \pm 1 \text{ pour tout } i \in \{1, \dots, n\}.$$

Ici, il faut quand même faire un peu attention à la notation $\pm$ que nous venons d'utiliser ; nous savons, par exemple, que $p(a_1)$ et $q(a_1)$ sont égaux, mais, en revanche, $p(a_1)$ et $p(a_2)$ pourraient être de même signe ou de signe opposé, nous n'en savons rien pour le moment.

Nous avons ainsi déterminé, à peu de choses près, les valeurs $p(a_1), \dots, p(a_n)$ et $q(a_1), \dots, q(a_n)$, et donc chacun des deux polynômes p et q est « fixé » en n points. Or, les polynômes dont le coefficient dominant est égal à 1 possèdent un nombre de « degrés de liberté » précisément égal à leur degré. Comme $pq = f$, la somme des degrés de p et q est égale au degré de f, c'est-à-dire à $2n$. Ceci implique que l'un des deux facteurs, disons p, a un degré inférieur ou égal à n. Pour résumer, nous avons un polynôme de degré au plus n dont les valeurs en n points sont fixées. Il y a bon espoir que cela nous permette d'établir la contradiction que nous recherchons.

Que savons-nous d'un polynôme dont le degré est inférieur ou égal à n ? Eh bien, nous savons qu'il possède au plus n racines. Et que savons-nous des racines de p ? Puisque p divise f, les racines de p sont aussi des racines de f. Mais quelles sont les racines de f ? Il n'y en a pas ! (En tous cas, il n'y en a pas de réelles.) f est strictement positif (et même, f est supérieur ou égal à 1) et donc n'a pas de racines. Ce qui entraîne que p non plus n'a pas de racines. Mais que peut-on dire d'un polynôme qui n'admet pas de racines ? On peut affirmer que son graphe ne traverse pas l'axe des abscisses et donc que ce polynôme ne change pas de signe. Autrement dit, p est soit strictement positif, soit strictement négatif. Nous avons donc deux cas à considérer, mais nous pouvons nous épargner des efforts inutiles en constatant qu'ils sont équivalents. En effet, si nous disposons d'une factorisation du type $f(x) = p(x)q(x)$, nous avons automatiquement une autre factorisation qui s'écrit $f(x) = (-p(x))(-q(x))$. Donc, si p est strictement négatif, nous pouvons toujours transformer la forme factorisée de manière à obtenir une factorisation avec deux facteurs strictement positifs.

Par conséquent, sans perte de généralité, nous pouvons prendre p strictement positif. Précédemment, nous avons établi que $p(a_i)$ est égal à 1 ou à -1, et maintenant, nous pouvons conclure que $p(a_i)$ doit être égal à 1, pour tout i. Comme $q(a_i)$ est obligatoirement égal à $p(a_i)$, $q(a_i)$ est aussi égal à 1, pour tout i. Et maintenant ?

Pour commencer, nous savons que $p(x)$ et $q(x)$ doivent prendre la valeur $+1$ au moins n fois. Ce résultat peut s'exprimer en termes de « racines » : $p(x)-1$ et $q(x)-1$ admettent au moins n racines. Or $p(x) - 1$ est de degré inférieur ou égal à n puisque $p(x)$ est lui-même de degré au plus n. Ce qui veut dire que la seule façon pour que $p(x) - 1$ ait n racines est que son degré soit exactement n. Ce qui implique à son tour que $p(x)$ est de degré n et donc que $q(x)$ est aussi de degré n.

Récapitulons ce que nous avons établi jusqu'ici : nous avons supposé que $f(x) = p(x)q(x)$. p et q sont deux polynômes positifs à coefficients entiers de même degré n et $p(a_i) = q(a_i) = 1$, ce qui s'écrit aussi $p(a_i) - 1 = q(a_i) - 1 = 0$ pour tout i. Nous connaissons les racines de $p(x) - 1$: ce sont les a_i. Ce sont les seules racines de $p(x) - 1$ puisque $p(x) - 1$ en possède au plus n. Ainsi $p(x) - 1$ est de la forme

$$p(x) - 1 = r(x - a_1)(x - a_2)\dots(x - a_n)$$

et de la même manière $q(x) - 1$ s'écrit

$$q(x) - 1 = s(x - a_1)(x - a_2)\dots(x - a_n),$$

où r et s sont des constantes. Pour en savoir plus au sujet de r et s, rappelons-nous que les polynômes p et q sont à coefficients entiers. Le coefficient dominant de $p(x)-1$ est r et celui de $q(x)-1$ est s. Par conséquent, r et s doivent être entiers.

Nous pouvons alors appliquer ces deux résultats à notre formule de départ $f(x) = p(x)q(x)$ et obtenir

$$\begin{aligned}&(x-a_1)^2(x-a_2)^2\dots(x-a_n)^2+1\\&=\big(r(x-a_1)(x-a_2)\dots(x-a_n)+1\big)\big(s(x-a_1)(x-a_2)\dots(x-a_n)+1\big).\end{aligned}$$

Cette égalité compare deux polynômes explicitement définis. La meilleure chose à faire est donc d'identifier les coefficients.

En comparant les coefficients de x^n nous obtenons $1 = rs$ et comme r et s sont des nombres entiers, nous déduisons que soit $r = s = +1$, soit $r = s = -1$. Supposons tout d'abord que $r = s = 1$. L'équation polynomiale devient

$$\begin{aligned}&(x-a_1)^2(x-a_2)^2\dots(x-a_n)^2+1\\&=\big((x-a_1)(x-a_2)\dots(x-a_n)+1\big)\big((x-a_1)(x-a_2)\dots(x-a_n)+1\big).\end{aligned}$$

Après avoir développé et réduit, il reste

$$2(x-a_1)(x-a_2)\dots(x-a_n) = 0$$

ce qui est absurde (puisque cela doit être vrai pour tout x). Le cas $r = s = -1$ se traite de la même manière, ce qui conclut la démonstration.

EXERCICE 3.7. Montrez que le polynôme $f(x) = (x-a_1)(x-a_2)\dots(x-a_n)-1$, où $a_1, a_2, \dots, a_n$ sont des entiers distincts, ne peut être factorisé de manière non triviale en produit de deux polynômes à coefficients entiers. (*Indications.* Si $f(x)$ admettait $p(x)$ et $q(x)$ comme facteurs non triviaux, regardez ce qu'il adviendrait de $p(x)+q(x)$. Notez qu'on aurait pu penser à appliquer cette stratégie au problème 3.4, mais elle aurait été inopérante dans ce cas.)

EXERCICE 3.8. Soit $f(x)$ un polynôme à coefficients entiers et soit a et b des nombres entiers. Montrez que $f(a) - f(b)$ ne peut être égal à 1 que dans le cas où a et b sont consécutifs. (*Indication.* Factorisez $f(a) - f(b)$.)

Chapitre 4

Géométrie euclidienne

> Archimède continuera à vivre dans les mémoires quand Eschyle aura été oublié, parce que les langues meurent mais pas les idées mathématiques.
>
> G.H. Hardy, *L'apologie d'un mathématicien.*

La géométrie euclidienne a été le premier domaine des mathématiques à être exposé selon les standards qui sont en vigueur de nos jours (avec axiomes, définitions, théorèmes, etc.) ; et la géométrie est encore présentée aujourd'hui avec une logique plus serrée que d'autres sujets en mathématiques. Pour attaquer de façon systématique les problèmes de géométrie, on dispose d'un certain nombre de méthodes et de résultats fondamentaux. Cette situation est portée à l'extrême lorsqu'on fait de la géométrie analytique où la méthode consiste à transformer les points, les droites, les triangles et les cercles en un bazar de coordonnées, ramenant le problème initial de géométrie à une question d'algèbre. Mais la vraie beauté de la géométrie réside dans la manière dont on peut démontrer qu'un fait non évident à première vue est indéniablement vrai, par application répétée de résultats qui eux sont évidents. Prenez, par exemple, le résultat suivant, attribué à Thalès (et démontré dans le livre III des Éléments d'Euclide, proposition 31) :

THÉORÈME 4.1. Si un triangle est inscrit dans un cercle dont le diamètre est l'un des côtés, alors l'angle au sommet opposé à ce côté est droit. Autrement dit, dans la figure ci-dessous, nous avons $\widehat{APB} = 90°$.

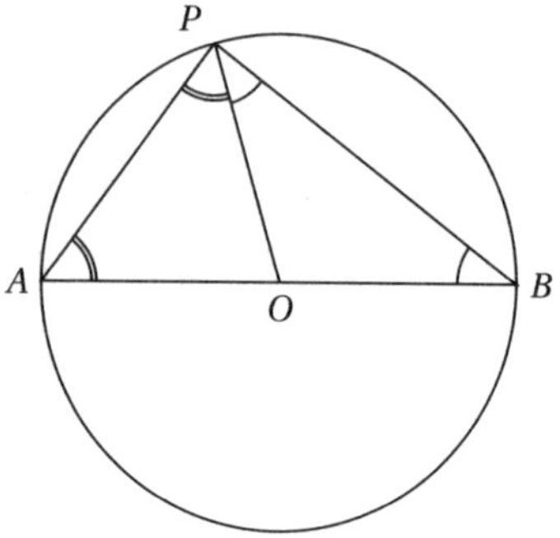

DÉMONSTRATION. Le tracé du segment $[OP]$ permet de diviser le triangle APB en deux triangles isocèles (car $OP = OA$ et $OP = OB$; de manière usuelle, AB désigne ici la longueur du segment $[AB]$). En utilisant le fait que les triangles isocèles ont des angles « à la base » de même mesure, et la propriété indiquant que la somme des mesures des angles d'un triangle est égale à 180°, nous obtenons

$$\begin{aligned}\widehat{APB} &= \widehat{APO} + \widehat{OPB} = \widehat{PAO} + \widehat{PBO} = \widehat{PAB} + \widehat{PBA} \\ &= 180° - \widehat{APB},\end{aligned}$$

et donc $\widehat{APB}$ doit être un angle droit. □

La Géométrie regorge de résultats de ce genre : des propriétés qu'on peut vérifier sur une figure en mesurant des angles et des longueurs, mais qui ne sont pas immédiatement évidentes, comme le théorème de Varignon selon lequel les milieux des côtés d'un quadrilatère quelconque forment toujours un parallélogramme. Ces faits ont vraiment un « je-ne-sais-quoi » de particulier.

PROBLÈME 4.1. (Australian Mathematics Competition, 1987, p. 12.) Considérons un triangle ABC inscrit dans un cercle. Les bissectrices des angles $\widehat{A}$, $\widehat{B}$, $\widehat{C}$ coupent respectivement le cercle aux points D, E et F. Montrer que (AD) et (EF) sont perpendiculaires.

La première étape consiste, bien évidemment, à réaliser une figure en indiquant ce que nous connaissons :

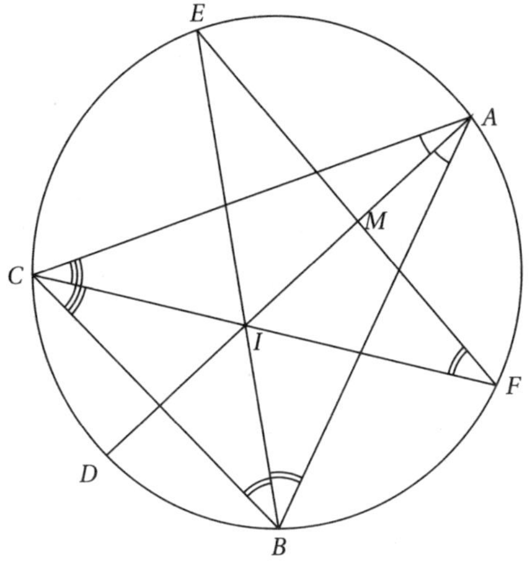

J'ai pris la liberté de placer I, le point de concours des bissectrices (qui est susceptible d'être important par la suite), ainsi que M, le point d'intersection des droites (AD) et (EF) (situé à l'endroit précis où nous souhaitons établir qu'il y a notre angle droit). Du coup, nous pouvons écrire l'objectif à atteindre sous la forme d'une égalité : nous voulons montrer que $\widehat{AMF} = 90°$.

Voilà un problème qui paraît simple à résoudre : la figure est facile à faire, et sur celle-ci, la conclusion semble assez évidente. Face à une question de ce genre, l'approche directe doit probablement bien marcher.

Nous devons donc déterminer la mesure de l'angle en M. À première vue, le point M n'a rien de remarquable. Toutefois, après avoir codé la figure, nous voyons que nous disposons déjà d'un bon nombre de mesures d'angles, principalement du fait que nous sommes environnés par des bissectrices, des triangles et des cercles. Peut-être qu'en trouvant suffisamment de mesures d'angles alentour, nous serons capables de déterminer $\widehat{AMF}$. Après tout, il y a des tas de théorèmes qui ne demandent qu'à servir : la somme des mesures des angles d'un triangle est égale à 180° ; deux angles inscrits interceptant le même arc de cercle ont la même mesure (théorème de l'angle inscrit) ; les bissectrices des angles d'un triangle sont concourantes.

Nous avons besoin de quelques angles pour commencer. Le triangle « principal » étant ABC, et étant donné l'ensemble de bissectrices, de cercles et autres figures qui gravitent autour de celui-ci, il est certainement judicieux de démarrer avec les angles $\alpha = \widehat{BAC}$, $\beta = \widehat{ABC}$, $\gamma = \widehat{BCA}$ (c'est la coutume d'utiliser les lettres de l'alphabet grec pour désigner des angles). Nous avons bien sûr : $\alpha + \beta + \gamma = 180°$. Nous pouvons exprimer ainsi bien d'autres angles : par exemple, $\widehat{CAD} = \frac{\alpha}{2}$. Maintenant, nous pouvons utiliser le fait que la somme des mesures des angles d'un triangle est égale à 180° pour calculer certains des angles intérieurs. Par exemple, en considérant le point I, centre du cercle inscrit dans le triangle ABC (autrement dit le point d'intersection des droites (AD), (BE) et (CF)), et en nous plaçant dans le triangle AIC, nous obtenons facilement que $\widehat{AIC} = 180° - \frac{\alpha}{2} - \frac{\beta}{2}$. En fait, nous pouvons déterminer quasiment tous les angles intéressants – exceptés ceux en M, qui sont précisément les angles que nous cherchons. Par conséquent, il nous faut exprimer notre angle en M à l'aide d'autres angles qui ne sont pas reliés directement à M. C'est facile. Nous pouvons écrire, par exemple, que l'angle $\widehat{IMF}$

(dont nous voulons établir que la mesure est égale à 90°) peut s'exprimer sous la forme :

$$\widehat{IMF} = 180° - \widehat{MIF} - \widehat{IFM} = 180° - \widehat{AIF} - \widehat{CFE}.$$

Il s'agit d'une belle avancée car les angles $\widehat{AIF}$ et $\widehat{CFE}$ sont bien plus faciles à calculer. En effet, nous avons

$$\widehat{AIF} = 180° - \widehat{AIC} = \frac{\alpha}{2} + \frac{\gamma}{2},$$

et comme deux angles inscrits qui interceptent le même arc ont la même mesure (théorème de l'angle inscrit), nous obtenons

$$\widehat{CFE} = \widehat{CBE} = \frac{\beta}{2}.$$

Finalement

$$\widehat{IMF} = 180° - \frac{\alpha}{2} - \frac{\beta}{2} - \frac{\gamma}{2} = 180° - \frac{180°}{2} = 90°,$$

comme souhaité.

Voilà une bien belle façon de résoudre certaines questions de géométrie : simplement en calculant des mesures d'angles. Celles-ci sont en général plus faciles à calculer que les longueurs des côtés (les formules relatives aux longueurs des côtés sont compliquées et contiennent des cosinus et des sinus) et les règles sont plus simples à mémoriser. Les angles sont bien plus pratiques lorsque les questions ne font pas référence aux longueurs des côtés et qu'il s'agit de travailler avec beaucoup de triangles et de cercles ou même avec un triangle isocèle. Mais pour mettre la main sur certains angles particulièrement retors, il faut en général déterminer d'abord bien d'autres angles.

PROBLÈME 4.2. (Taylor 1989, p. 8, Q1.) Considérons un triangle BAC dans lequel la bissectrice de l'angle $\widehat{B}$ coupe la droite (AC) en D et la bissectrice de l'angle $\widehat{C}$ coupe la droite (AB) en E. Ces bissectrices se coupent en O. On suppose que $OD = OE$. Montrer que soit $\widehat{BAC} = 60°$ soit BAC est isocèle (soit les deux).

Nous ferions bien de commencer par faire une figure. C'est assez délicat car il faut respecter le fait que les segments $[OD]$ et $[OE]$ sont de même longueur, même si on peut tricher un peu en construisant un triangle ABC isocèle ou en traçant un angle $\widehat{BAC}$ de 60° (puisqu'on sait que c'est ce qui doit arriver). On se retrouve avec deux configurations possibles :

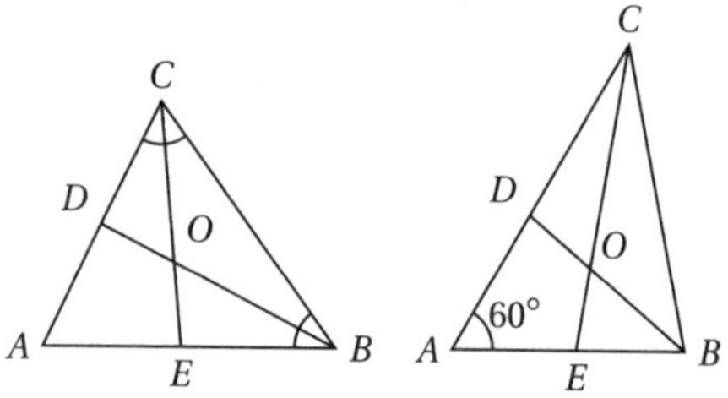

Nous disposons d'un seul élément d'information : $OD = OE$, et nous souhaitons démontrer un résultat bien étrange, un choix entre deux propriétés de notre triangle. Mais ces deux propriétés sont reliées par un rapport entre des angles (les triangles isocèles ont des angles à la base dont les mesures sont égales ; de plus, les bissectrices font clairement intervenir les angles), donc nous pouvons supposer qu'il s'agit ici d'un problème à aborder à l'aide des angles (à première vue en tous cas).

Maintenant que nous avons choisi d'attaquer notre problème à partir des angles, il nous reste à réécrire l'hypothèse initiale $OD = OE$ en termes d'angles. La manière évidente de procéder consisterait à dire que, comme ODE est isocèle, $\widehat{ODE} = \widehat{OED}$. Ça pourrait sembler encourageant, mais il est difficile de trouver d'autres angles qui permettraient de calculer $\widehat{ODE}$ et $\widehat{OED}$. Plus précisément, nous aimerions exprimer ces deux angles en fonction de $\alpha = \widehat{BAC}$, $\beta = \widehat{ABC}$, $\gamma = \widehat{ACB}$ puisque nous voulons montrer que soit $\alpha = 60°$ soit $\beta = \gamma$. (Là encore, ABC est le triangle « principal » : tous les autres points sont issus de ce triangle. Il constitue donc le cadre de référence. Il faudrait parvenir à exprimer toutes les autres quantités en fonction des données du triangle principal.) Heureusement, il existe d'autres manières de traduire les longueurs des côtés en termes d'angles.

Examinons les segments $[OD]$ et $[OE]$. Nous voulons relier leurs longueurs aux angles α, β, γ. Différentes méthodes permettent de relier côtés et angles : trigonométrie élémentaire, triangles semblables, triangles isocèles ou équilatéraux, loi des sinus, formules d'Al-Kashi pour n'en mentionner que quelques-unes. La trigonométrie élémentaire nécessite des angles droits et des cercles, or ici, nous n'en avons pas vraiment. Nous avons aussi peu de triangles semblables et nous avons déjà considéré et éliminé l'approche par les triangles isocèles. En général, la formule d'Al-Kashi complique plus le problème qu'elle ne le simplifie, car elle fait apparaître de nouvelles longueurs inconnues. Ce qui laisse comme seule alternative la loi des sinus. Après tout, elle relie de manière directe les angles et les côtés.

Pour utiliser la loi des sinus, il nous faut un ou deux triangles, idéalement choisis parmi ceux qui contiennent les segments $[OD]$ et $[OE]$ et qui possèdent beaucoup d'angles déjà connus. Jetons un coup d'œil à la figure et calculons nos angles afin de deviner quels triangles parmi AOD, COD, AOE, BOE, pourraient nous être utiles. Les triangles AOE et AOD ont un côté commun, ce qui est susceptible de simplifier le problème, donc nous devrions commencer avec eux (il faut toujours essayer de trouver des connexions. Savoir que deux quantités sont égales ne peut nous aider que si nous pouvons les relier d'une manière ou d'une autre). Puisque nous ne considérons que quatre points (A, D, E, O) parmi les six, nous pouvons dessiner une figure réduite afin de nous concentrer sur ces seuls éléments (pourquoi s'encombrer de choses inutiles ?).

Nous savons que $\widehat{EAO} = \widehat{DAO} = \frac{\alpha}{2}$ et, comme la somme des mesures des angles d'un triangle est égale à 180°, nous pouvons calculer $\widehat{AEO} = 180° - \alpha - \frac{\gamma}{2} = \beta + \frac{\gamma}{2}$; de la même manière nous avons $\widehat{ADO} = 180° - \alpha - \frac{\beta}{2} = \gamma + \frac{\beta}{2}$. On peut encore compléter le codage de la partie de la figure reliant A, D, E, O avec quelques mesures d'angles, et finalement nous obtenons une figure qui ressemble à ceci (après l'avoir tournée et agrandie pour que ce soit plus clair) :

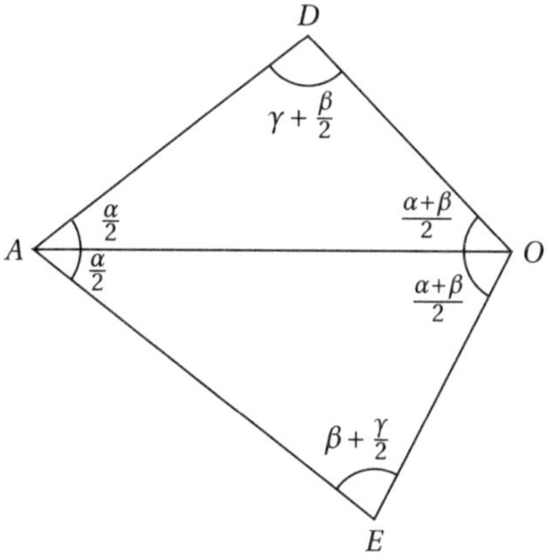

Maintenant, nous pouvons utiliser la loi des sinus. Afin d'obtenir des expressions de OD et OE qui soient utilisables (ce qui est la raison initiale pour laquelle nous voulions appliquer la loi des sinus), nous pouvons écrire

$$\frac{OD}{\sin\left(\frac{\alpha}{2}\right)} = \frac{OA}{\sin\left(\gamma + \frac{\beta}{2}\right)} = \frac{DA}{\sin\left(\frac{\alpha+\beta}{2}\right)}$$

et

$$\frac{OE}{\sin\left(\frac{\alpha}{2}\right)} = \frac{OA}{\sin\left(\beta + \frac{\gamma}{2}\right)} = \frac{EA}{\sin\left(\frac{\alpha+\gamma}{2}\right)}$$

Maintenant que nous disposons de ces égalités, notre donnée initiale ($OD = OE$) peut se révéler utile. La longueur OA apparaît dans chacune des deux séries d'égalités ci-dessus, ce qui nous suggère d'exprimer OD et OE en fonction de OA. Nous obtenons

$$OD = OA\frac{\sin\left(\frac{\alpha}{2}\right)}{\sin\left(\gamma+\frac{\beta}{2}\right)}$$

$$OE = OA\frac{\sin\left(\frac{\alpha}{2}\right)}{\sin\left(\beta+\frac{\gamma}{2}\right)}$$

et donc $OD = OE$ si et seulement si $\sin\left(\gamma+\frac{\beta}{2}\right) = \sin\left(\beta+\frac{\gamma}{2}\right)$. (En fait, on pourrait avoir $OD = OE$ pour une raison bête, comme $\sin\left(\frac{\alpha}{2}\right) = 0$. Il ne faut pas longtemps pour s'apercevoir que de telles situations ne peuvent se présenter que dans des cas extrêmement dégénérés et qu'il est facile de traiter séparément ces situations anormales. Mais il faut se souvenir de toujours bien examiner ce genre de choses.)

Nous avons converti une égalité portant sur des longueurs de côtés en une égalité relative à des mesures d'angles. Surtout, ces angles sont appropriés au but que nous poursuivons (ils font intervenir les angles α, β, γ), ce qui indique que nous progressons certainement dans la bonne direction. Le problème est maintenant d'un ordre presque entièrement algébrique.

Quoi qu'il en soit, les deux sinus sont égaux. Ce qui peut signifier deux choses :

$$\gamma+\frac{\beta}{2} = \beta+\frac{\gamma}{2}$$

ou

$$\gamma+\frac{\beta}{2} = 180^\circ - \left(\beta+\frac{\gamma}{2}\right).$$

Nous nous rapprochons progressivement de notre objectif ; il n'y a plus de sinus et nous avons pour la première fois une alternative entre deux possibilités. Il n'est pas difficile de voir que le premier cas entraîne $\beta = \gamma$, tandis que le second conduit à $\beta+\gamma = 120^\circ$ et donc à $\alpha = 60^\circ$. Nous avons donc réussi, d'une étrange manière, à atteindre notre but.

Nous y voilà. Parfois, il s'agit simplement de prendre les données et de les introduire dans une équation similaire à l'objectif à atteindre (dans le cas présent, n'importe quelle égalité reliant α, β et γ) pour ensuite appliquer les règles algébriques permettant de la transformer en ce qui est demandé. C'est ce qu'on appelle l'approche directe ; elle fonctionne bien lorsque l'objectif est une relation simple mettant en jeu des éléments facilement calculables, car alors nous pouvons visualiser le chemin à parcourir jusqu'au but, par simplifications successives et en transformant graduellement nos données en quelque chose qui ressemble de plus en plus à l'objectif souhaité. Quand l'objectif est obscur, nous devons tout d'abord le reformuler avant de savoir quelles directions essayer, comme le problème suivant va l'illustrer.

PROBLÈME 4.3. (Australian Mathematics Competition, 1987, p. 13.) ($\star$) Soit $ABFE$ un rectangle et D le point d'intersection des diagonales (AF) et (BE). Une droite passant par E coupe (AB) en G et (FB) en C de telle manière que $DC = DG$. Montrer que

$$\frac{AB}{FC} = \frac{FC}{GA} = \frac{GA}{AE}.$$

Dans les problèmes, on peut travailler de manière directe (en calculant systématiquement des longueurs et des angles) ou à rebours (en remplaçant le résultat cherché par quelque chose d'équivalent mais d'un emploi plus aisé). Dessiner une figure pour deviner des résultats intermédiaires s'avère parfois utile, mais dans le cas présent, la figure est difficile à tracer. Comment peut-on la forcer à vérifier $DC = DG$? Quelques essais (et un coup d'œil à l'égalité à établir $\frac{AB}{FC} = \frac{FC}{GA} = \frac{GA}{AE}$) nous permettent de proposer une figure à peu près décente :

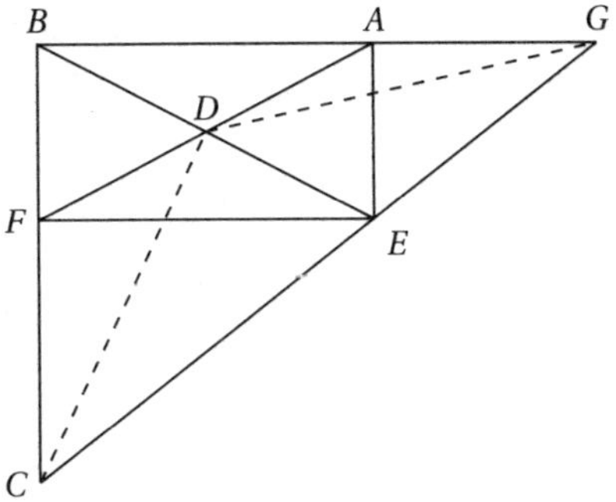

Essayons donc l'approche directe. La géométrie analytique, utilisée sans discernement, conduit à des calculs pénibles et propices à toutes sortes de complications et d'erreurs. Gardons-la en dernier recours (bien qu'il soit tentant de placer l'origine des axes de coordonnées en B car il y a un angle droit). La géométrie vectorielle n'est pas bien adaptée aux équations du type $DC = DG$ (même si les versions vectorielles sont en général plus élégantes que leurs homologues exprimées en termes de coordonnées). Pourquoi ne pas calculer quelques longueurs et quelques angles ? Nous savons seulement qu'il y a quatre angles droits dans le rectangle et que $DC = DG$. Par conséquent, DCG est isocèle, mais ce n'est pas d'un grand secours. Tracer la perpendiculaire à (CG) passant par D, ou réaliser d'autres constructions similaires ne nous aide pas non plus. (Comme nous le verrons plus tard, il y a bien une construction qui est utile, mais elle n'est pas évidente, d'un point de vue intuitif, dans le cadre de l'approche directe.)

Il faut donc procéder à rebours. Nous voulons prouver une égalité entre trois rapports. Cela fait penser aux triangles semblables. Pouvons-nous obtenir un triangle, à partir de $[AB]$ et $[FC]$, par exemple ? Pas vraiment : en revanche, nous pouvons former un triangle à partir de $[FE]$ et $[FC]$, et $[FE]$ et $[AB]$ sont de même longueur. Maintenant que nous avons trouvé un triangle, l'autre ne devrait pas être trop compliqué à reconnaître.

En observant le triangle FCE dans notre figure, nous pouvons voir (et démontrer facilement) qu'il est semblable à BCG et AEG, donc

$$\frac{EF}{FC} = \frac{GB}{BC} = \frac{GA}{AE}$$

En gardant notre objectif à l'esprit, nous convertissons la relation précédente :

$$\frac{AB}{FC} = \frac{GB}{BC} = \frac{GA}{AE}. \tag{15}$$

Nous avons donc déjà réussi à prouver que deux des trois rapports demandés, $\frac{AB}{FC}$ et $\frac{GA}{AE}$, étaient égaux. Le troisième rapport que nous cherchons, $\frac{FC}{GA}$, n'est rattaché, semble-t-il, à aucun triangle particulier. Mais regardons plus attentivement le terme du milieu dans (15). La paire de côtés concernés semble vaguement reliée aux segments $[FC]$ et $[GA]$. En fait, $[FC]$ est contenu dans le segment $[BC]$ et $[GA]$ est inclus dans $[BG]$. Ceci sous-entend qu'il est certainement plus facile de prouver

$$\frac{FC}{GA} = \frac{GB}{BC}$$

plutôt que

$$\frac{AB}{FC} = \frac{FC}{GA} \quad \text{ou} \quad \frac{FC}{GA} = \frac{GA}{AE}.$$

Par ailleurs, la première formulation est plus symétrique et ne met en jeu qu'une seule égalité.

Malgré notre formulation « probablement plus simple », il ne semble toujours pas y avoir de triangles semblables à utiliser. À ce moment, nous devons encore transformer notre problème. La chose évidente à essayer consiste à disposer autrement les rapports, peut-être en les multipliant en croix afin d'obtenir

$$FC \times BC = AG \times BG$$

ou en permutant les termes « moyens », ce qui donne par exemple :

$$\frac{FC}{BG} = \frac{GA}{BC}.$$

Ça n'a pas l'air d'améliorer beaucoup la situation. Toutefois, les termes $FC \times BC$ et $AG \times BG$ devraient sembler assez familiers. En fait, on pourrait se souvenir du résultat suivant (qui apparaît parfois dans les manuels du secondaire, bien qu'il soit rarement utilisé à ce niveau) :

THÉORÈME 4.2. Si P est un point extérieur à un cercle de centre O et de rayon r et qu'une droite passant par P rencontre le cercle en Q et R, alors

$$PQ \times PR = PT^2 = PO^2 - r^2,$$

où T est un point de contact du cercle avec une des tangentes issues de P.

DÉMONSTRATION. L'étrange petit théorème (Euclide, Livre III, proposition 32) selon lequel, dans un cercle, un angle inscrit sous-tendu par une corde est égal à l'un des deux angles entre cette corde et la tangente en une extrémité nous permet d'affirmer que le triangle PQT est semblable à PTR. Par conséquent $\frac{PQ}{PT} = \frac{PT}{PR}$. Comme le théorème de Pythagore nous assure que $PO^2 = PT^2 + r^2$, la conclusion en découle. □

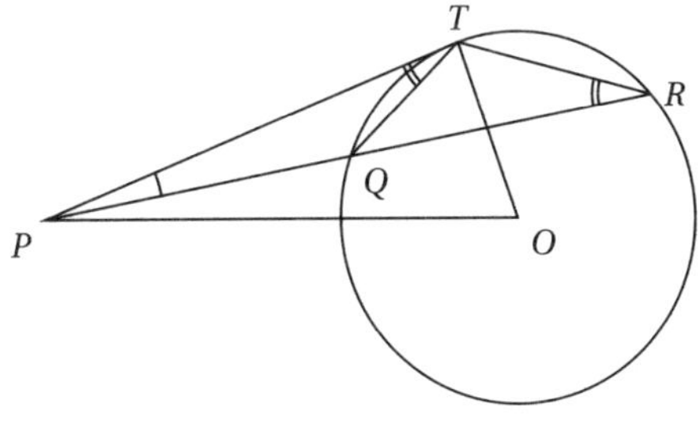

Pour pouvoir utiliser le théorème 4.2, nous avons tout d'abord besoin d'un cercle. Nous voulons calculer $CB \times CF$ et $GA \times GB$. Le cercle doit donc passer par les points F, B et A. Or le cercle passant par ces trois points a pour centre le point D (théorème 4.1 !). D'après le théorème 4.2, nous avons donc :

$$FC \times BC = DC^2 - r^2$$

et

$$AG \times BG = DG^2 - r^2,$$

où r est le rayon du cercle. Comme l'énoncé nous a imposé très opportunément la relation $DC = DG$, le résultat est démontré.

C'est comme cela que ça se passe en géométrie pure : avec apparemment à peine assez de données pour démarrer et un résultat plutôt obscur à démontrer, on a généralement besoin d'une méthode spéciale pour y arriver. Une construction, par exemple, peut éclaircir la situation. Recherchez dans votre mémoire ce qui pourrait vous aider. Par exemple, si l'énoncé du problème demande de prouver que $\widehat{ABC} = \widehat{ADC}$, vous pouvez montrer à la place que A, B, D, C sont cocycliques, ce qui est équivalent (si B et D sont situés du même côté de la droite (AC)). De même, au lieu de démontrer que $AB > AC$, vous pouvez établir que $\widehat{ACB} > \widehat{ABC}$ (si A, B et C ne sont pas alignés). Ou encore, si vous êtes face à une question concernant les aires de plusieurs triangles, rappelez-vous que des triangles qui ont même base et même hauteur ont même aire et que si la base d'un triangle est divisée par deux, alors son aire est aussi réduite de moitié. Ça ne signifie aucunement que vous devez construire toutes les figures que vous pensez possibles, ni que vous avez à noter méticuleusement tous les faits envisageables (sauf dans le cas où vous seriez complètement bloqués) mais en tournant et retournant ces faits, et en esquissant quelques figures, l'inspiration peut venir. Parfois, on peut essayer d'utiliser un exemple particulier ou un cas de figure extrême afin de deviner une voie de résolution (par exemple, dans le problème précédent, nous aurions pu considérer le cas où $ABFE$ était un carré, ou celui où les points A, B, F, E sont alignés, ou encore le cas $DC = DG = 0$). Bien sûr, il convient alors de garder les données ($DC = DG$, $ABFE$ est un rectangle) ainsi que l'objectif ($FC \times BC = AG \times BG$, ou une autre forme équivalente) bien présents à l'esprit. Il faut aussi réussir à progresser malgré les données, ou un objectif, insolites. (Dans le cas ci-dessus, c'était l'égalité $DC = DG$ qui était bizarre). À la réflexion, il faudra vraisemblablement se servir de toutes les hypothèses pour obtenir les résultats demandés, donc chaque élément d'information devra être utilisé d'une manière ou d'une autre.

Ici, la clé consistait à se rappeler d'un résultat particulier de géométrie euclidienne (le théorème 4.2). Lorsqu'on possède une expérience suffisante de la géométrie, les propriétés de ce genre viennent à l'esprit après qu'on a examiné attentivement le problème et qu'on en a saisi la vraie nature (en général, ces choses viennent à l'esprit seulement après que toutes les autres méthodes ont échoué). En l'absence d'une telle inspiration, on peut toujours s'en tenir à la géométrie analytique ou à une forme de pseudo-géométrie analytique (par exemple, en traçant les perpendiculaires issues de D aux droites (AB) et (AC), puis en utilisant le théorème de Pythagore pour calculer DC et DG – ce qui est une sorte de géométrie analytique sans les axes).

PROBLÈME 4.4. (Yaglom 1962, p. 31, Q18.) Soit trois droites parallèles. Construire (à la règle et au compas) un triangle équilatéral tel que chacune des droites parallèles contienne un des sommets du triangle.

Dans un premier temps, la question posée paraît simple et directe (c'est une des caractéristiques des bons problèmes). Mais sitôt qu'on tente de faire une figure (essayez, en dessinant les droites parallèles en premier), on s'aperçoit combien il est malaisé d'y disposer un triangle avec autant de particularités qu'un triangle équilatéral. Le triangle équilatéral est tout simplement trop rigide. Après avoir fait des expériences avec des cercles, des angles de 60°, etc., on comprend bien qu'il va falloir quelque chose de spécial pour réussir. Néanmoins, tachons de dessiner la meilleure figure dont nous sommes capables (quitte à tracer d'abord le triangle équilatéral, avant de l'effacer) en la codant entièrement :

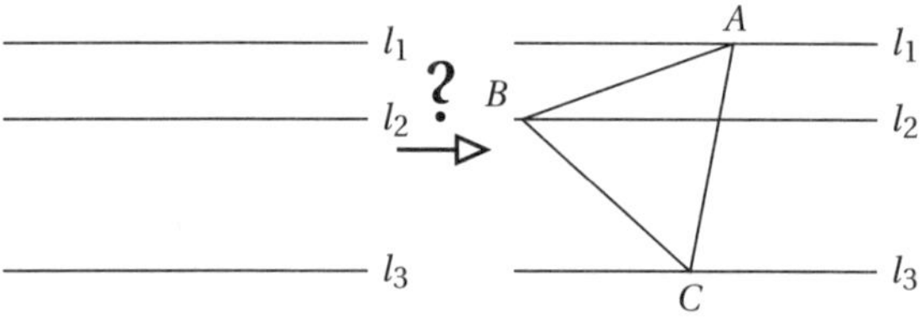

La solution qui saute aux yeux est d'utiliser la géométrie analytique. Pourquoi pas? C'est une possibilité mais elle est compliquée. Ça va se terminer en résolvant des équations du second degré pour calculer des coordonnées, ce qui n'est pas la meilleure façon (ni la plus géométrique) de résoudre le problème. Comme d'habitude, gardons cette idée comme un ultime recours.

La méthode classique pour résoudre les problèmes de constructions géométriques consiste à isoler une des inconnues (un point, une droite, un triangle, ou quoi que ce soit d'autre) et à déterminer son lieu ou toute autre propriété facilement constructible. Avant de nous lancer, observons bien le schéma pour essayer de comprendre ce qui est envisageable. Ce qu'on peut voir, c'est que s'il existe un triangle équilatéral qui vérifie les conditions de l'énoncé, alors tout autre triangle obtenu en faisant glisser le premier le long des droites parallèles satisfera aussi ces mêmes exigences. Par conséquent, si nous appelons le triangle ABC, la localisation du point A est totalement arbitraire, du moment qu'il appartient à la droite l_1. Il est bien clair que B et C dépendront de l'emplacement du point A. Il résulte donc de cette observation que nous pouvons placer le point A n'importe où, sans nous inquiéter, et nous préoccuper exclusivement de B et C. En y réfléchissant bien, il apparaît que la droite l_1 est en fait inutile ; elle sert seulement à contraindre le point A, mais une fois ce point choisi arbitrairement sur l_1, nous n'avons plus besoin de cette droite.

Une fois fixé le point A, les choix pour le triangle se restreignent davantage. Cette restriction pourrait même forcer les points B et C à occuper un nombre limité de positions. Nous ne savons pas encore.

Le triangle équilatéral ne possède donc plus que deux degrés de liberté : son orientation et sa taille. Mais il y a deux conditions : le point B doit appartenir à l_2 et le point C doit appartenir à l_3. En théorie, cela devrait suffire à définir complètement le triangle, mais avec un objet de ce niveau de complexité, il est difficile de voir comment procéder pour poursuivre. Nous pouvons toujours remplacer l'inconnue par une autre plus facile à déterminer. Pour l'instant, l'inconnue est le triangle équilatéral. Pourquoi ne pas chercher quelque chose de plus simple ? L'objet géométrique le plus simple qui soit est un point. Nous pourrions donc chercher à déterminer le point B, par exemple, plutôt que le triangle complet. B n'a qu'un seul degré de liberté puisqu'il est tenu de se situer sur l_2. Quelle est la contrainte imposée à B ? C'est le fait que le triangle équilatéral, dont un côté est $[AB]$, doit avoir son troisième sommet (C) sur l_3. C'est une condition compliquée qui a l'inconvénient de concerner le triangle équilatéral. Existe-t-il une manière plus simple de représenter le point C en fonction des points A et B ? Oui : C est l'image de B par la rotation de centre A et d'angle 60° (soit dans le sens des aiguilles d'une montre, soit dans l'autre sens). Ainsi, le problème se résume à :

Étant donné un point A et deux droites parallèles l_2 et l_3 ne passant pas par A, placer un point B sur l_2 de telle manière que l'image de B par la rotation de centre A et d'angle 60° « tombe » sur l_3.

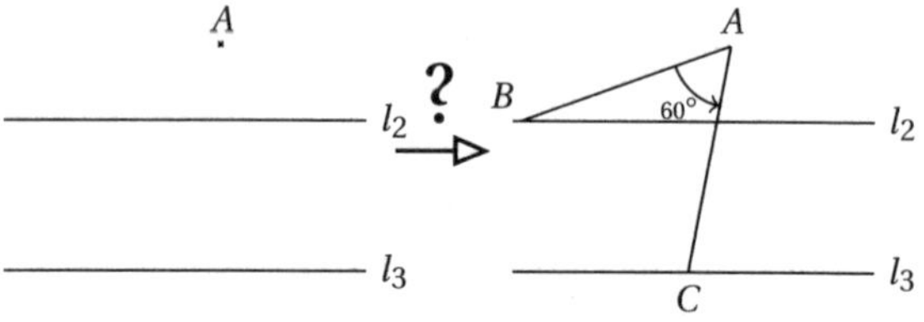

Nous n'avons plus qu'une seule inconnue – le point B. Par conséquent, cela nous laisse moins de degrés de liberté et le problème devrait être plus simple. Nous voulons que B vérifie deux conditions :

(a) B appartient à l_2.

(b) l'image de B par la rotation de centre A et d'angle 60° appartient à l_3 (dans le cas de la figure).

La propriété (b) n'est pas exprimée de manière opérationnelle, il faut en quelque sorte « l'inverser » :

(b′) B appartient à la droite image de l_3 par la rotation de centre A et d'angle −60°.

Ainsi, B appartient à $l_{3'}$, où $l_{3'}$ est l'image de l_3 par la rotation de centre A et d'angle 60° (soit dans le sens des aiguilles d'une montre, soit dans le sens inverse de celui des aiguilles d'une montre). Nos conditions s'écrivent finalement :

(a) B appartient à l_2,

(b) B appartient à $l_{3'}$,

autrement dit, B est le point d'intersection des droites l_2 et $l_{3'}$. Ça y est! Nous avons trouvé une construction explicite du point B, donc nous allons pouvoir dessiner le triangle.

En fait, il y a un autre cas de figure, celui où on passe de B à C par une rotation de centre A et d'angle $-60°$ (ou si l'on préfère par une rotation de 60° dans le sens des aiguilles d'une montre). Dans ce cas (b) devient : l'image de B par la rotation de centre A et d'angle $-60°$ appartient à l_3, et (b′) devient : B appartient à la droite image de l_3 par la rotation de centre A et d'angle 60°. Il y a donc deux positions possibles pour le point B.

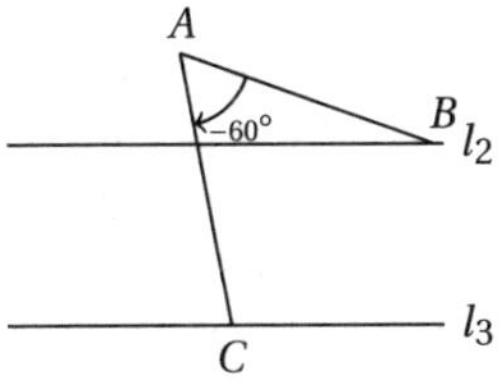

Pour être complet, voici l'intégralité de la construction :

> Placer un point A n'importe où sur l_1. Construire l'image de l_3 par la rotation de centre A et d'angle 60° et placer B à l'intersection de cette droite et de l_2. Le point C s'obtient alors comme image de B par la rotation inverse. Recommencer avec la rotation de centre A et d'angle $-60°$ pour obtenir la seconde solution.

On peut remarquer que cette construction fonctionne tout aussi bien si les droites ne sont pas parallèles. Ainsi, l'hypothèse du parallélisme était en fait une fausse piste !

Dans les problèmes de construction de figure, l'idée est de « résoudre » selon une inconnue, B dans notre cas, exactement comme en algèbre. Nous avons reformulé les hypothèses jusqu'à ce qu'elles s'expriment sous la forme « B est... ». Pour donner une analogie algébrique, supposez qu'on souhaite résoudre le problème énoncé ci-après, qui implique deux variables b et c :

- $b+1$ est pair

- $bc = 48$
- c est une puissance de 2.

Si nous exprimons maintenant les trois équations précédentes uniquement en fonction de b, en éliminant c, nous obtenons :

- b est égal à un nombre pair moins 1 (i.e. b est impair) ;
- b est égal à 48 divisé par une puissance de 2 (i.e. $b = 48$, 24, 12, 6, 3, ...).

À présent, en comparant l'ensemble des nombres impairs avec l'ensemble des nombres obtenus en divisant 48 par une puissance de 2, nous trouvons que b est égal à 3. Il est souvent plus facile de résoudre les problèmes qui mettent en jeu plusieurs variables en éliminant celles-ci une à une, et la même remarque vaut pour les constructions géométriques.

EXERCICE 4.1. Soit C_1 et C_2 des cercles sécants en P et Q. Construisez la droite d passant par P, mais ne passant pas par Q, telle que si d coupe C_1 en A et P et d coupe C_2 en B et P, alors $PA = PB$; voir la figure ci-dessous. (*Indication.* Résoudre le problème en prenant A comme inconnue.)

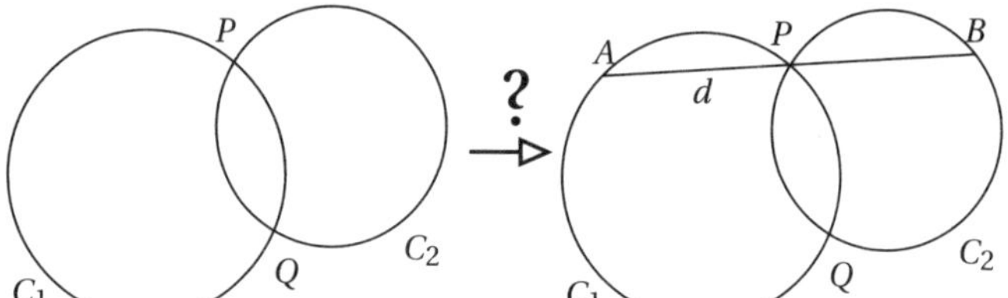

EXERCICE 4.2. Considérez un cercle donné et deux points A et B intérieurs à ce cercle. Construisez, si cela est possible, un triangle rectangle inscrit dans le cercle, tel que l'un des côtés de l'angle droit contienne A et l'autre côté contienne B ; voir la figure ci-dessous. (*Indication.* Résoudre le problème en prenant pour inconnue le sommet où se trouve l'angle droit.)

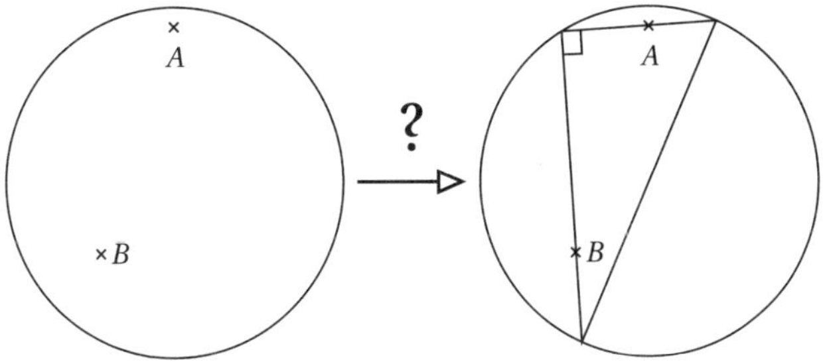

EXERCICE 4.3. (⋆) Considérez quatre points A, B, C et D. Construisez, si cela est possible, un carré tel que chacun des côtés contienne un des quatre points ; voir figure ci-après. (*Indications.* Malheureusement, le problème est très difficile à résoudre en gardant le carré comme inconnue, et prendre comme inconnue un unique sommet du carré –comme nous pouvions le faire dans les exercices précédents – est à peine mieux : le sommet doit se déplacer sur un cercle donné, c'est tout ce que nous savons. Une approche qui donne de meilleurs résultats est de prendre comme inconnue la diagonale du carré. Une diagonale est déterminée par plusieurs paramètres : l'orientation, la position et les extrémités. Mais la diagonale détermine le carré de manière unique tandis que ce n'est pas le cas d'un simple sommet. Si vous bloquez complètement, dessinez donc un joli schéma en commençant par le carré puis en plaçant les points dans un second temps ; vous tracerez ensuite les cercles de diamètre $[AB]$, $[BC]$, $[CD]$ et $[DA]$, puis les diagonales. Il faudra que vous tiriez le meilleur parti des cercles : calcul d'angles, triangles semblables, etc. Si vous souhaitez un indice plus précis, regardez aux points d'intersections des diagonales et des cercles. Il existe aussi une solution toute différente dans laquelle on prend un des côtés du carré comme inconnue et où on utilise des rotations, des symétries et des translations pour « tordre » un côté de manière qu'il se superpose sur un autre. En résumé, cette solution est du même style que celle suggérée précédemment.)

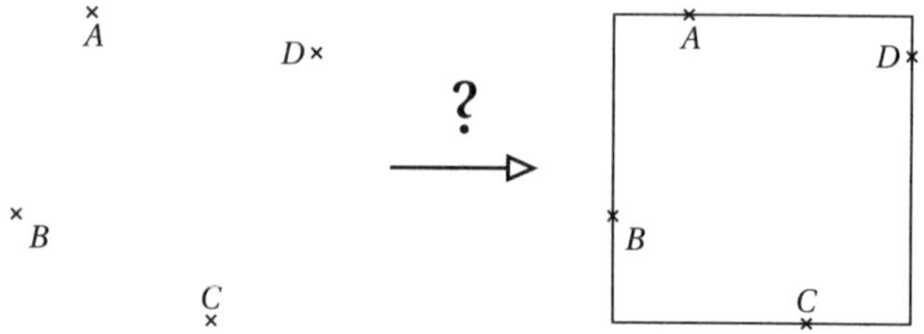

PROBLÈME 4.5. (Taylor 1989, p. 10, Q4.) Un carré est divisé en cinq rectangles, comme on peut le voir sur la figure ci-dessous. Les quatre rectangles extérieurs R_1, R_2, R_3, R_4 ont tous la même aire. Montrer que le rectangle intérieur R_0 est un carré.

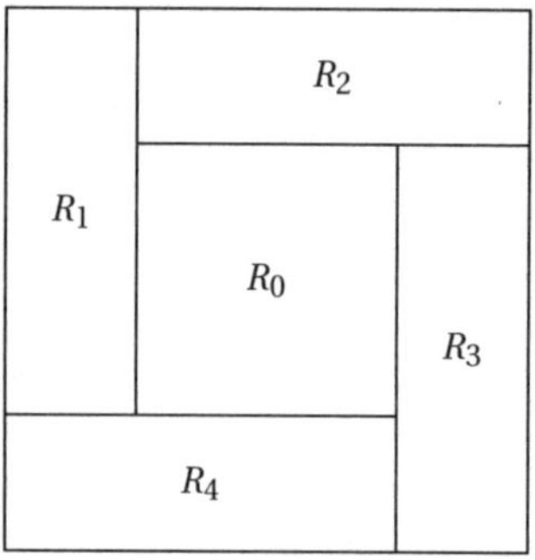

Voici encore une de ces « questions inhabituelles ». À première vue, le fait que les quatre rectangles extérieurs aient la même aire ne semble pas imposer au rectangle intérieur d'être un carré. On serait tenté de croire, dans un premier temps, que les hypothèses laissent une trop grande marge de manœuvre : après tout, un rectangle qui a une aire fixée pourrait très bien être long et fin ou au contraire court et large. Ne pourrions-nous pas modifier l'un des rectangles extérieurs et ainsi déformer le rectangle intérieur ? Quelques tentatives rapides montrent que ça ne peut fonctionner : chaque rectangle est conditionné et contraint par ses voisins. Sur la figure, le rectangle R_1, par exemple, est complètement « coincé » par les rectangles R_2 et R_4. Changer le rectangle R_1 impliquerait de modifier les rectangles R_2 et R_4, qui, à leur tour, transformeraient le rectangle R_3. Mais le rectangle R_3 ne peut satisfaire en même temps les demandes de chacun des rectangles R_2 et R_4, sauf s'ils demandent la même chose. Sur le schéma suivant, le rectangle R_3 peut s'ajuster au rectangle R_2 ou au rectangle R_4, mais pas aux deux simultanément (souvenez-vous que R_3 doit aussi avoir la même aire que R_2 et R_4). Le voile commence à se lever sur la manière de résoudre ce problème : du fait de la condition d'égalité des aires et aussi des difficultés « d'encastrement », la seule solution possible pour que la construction tienne est que le rectangle intérieur soit un carré. La figure ci-dessous donne un exemple de ce qui peut se passer si on essaye d'échapper à cette formation dont les symétries sont celles d'une svastika.

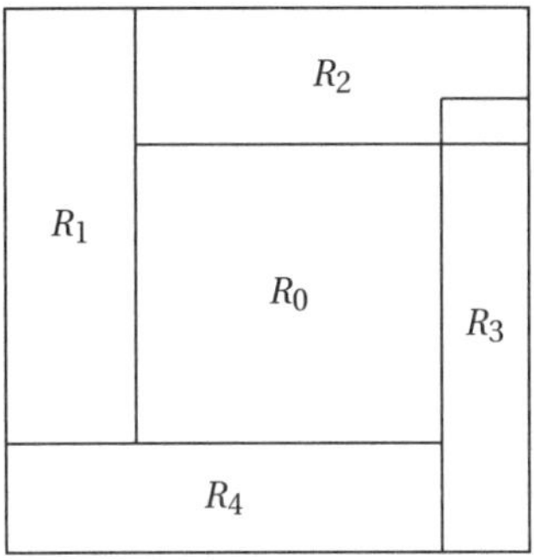

Avant de poursuivre, il nous faut introduire certaines notations : en particulier, nous avons besoin d'exprimer les différentes dimensions des objets géométriques en fonction de quelques variables. Notre discussion au sujet de « l'enchevêtrement » des objets souligne le fait qu'un rectangle, par exemple R_1, déterminera les dimensions de tous les autres rectangles ; si la construction est possible, R_1 fixera les dimensions des rectangles R_2 et R_4 qui fixeront à leur tour celles du rectangle R_3. Ainsi, une approche algébrique est envisageable : supposons que le rectangle R_1 ait pour dimensions $a \times b$ et que le grand carré soit de côté 1, et déterminons les dimensions de tous les autres rectangles, en particulier celles de R_0. C'est vraiment l'approche brutale : nous allons finir avec une équation relative au rectangle R_3 (ou à R_1, R_2 ou R_4 si nous écrivons différemment nos équations) qui nous fournira une relation entre a et b (car ça ne sera pas possible pour tous les rectangles R_1 : en fait, il nous faudra démontrer que les seules configurations autorisées pour R_1 sont précisément celles pour lesquelles nous avons un carré central dans la figure). Le schéma suivant résume la situation :

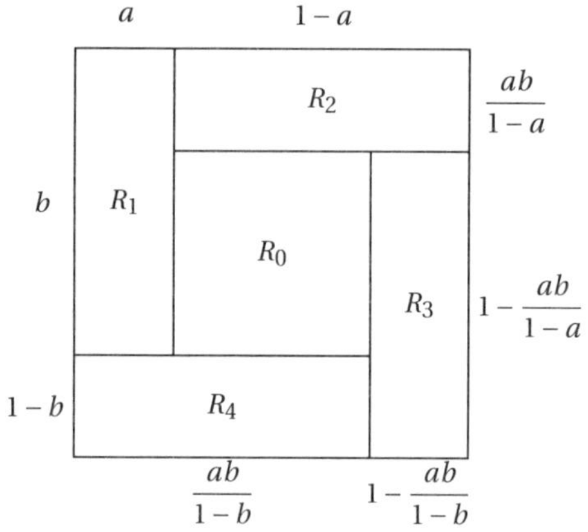

Pour que R_3 possède la bonne aire, il faut avoir l'égalité : $(1 - \frac{ab}{1-a}) \times (1 - \frac{ab}{1-b}) = ab$, et on peut s'en servir pour trouver a et b et montrer que R_0 est un carré. Cette méthode conduit au résultat, mais les calculs sont un peu longs, aussi cherchons une approche différente, plus simple, plus intuitive et moins basée sur les relations algébriques (car l'approche précédente est complètement fondée sur l'algèbre).

Nous voulons démontrer que la seule configuration dans laquelle nos conditions sont satisfaites est précisément lorsque R_0 est un carré. Mais c'est assez difficile à prouver. Nous avons déjà montré que nous pouvons exprimer toutes les données en fonction, par exemple, de R_1. En ce sens, le rectangle R_1 peut être considéré comme la figure principale : celle dont dépendent toutes les autres constructions. Maintenant que nous avons établi cet élément de référence, concentrons-nous sur un seul rectangle. Plutôt que d'essayer de démontrer des résultats relatifs au rectangle R_0, qui ne devient pas une « figure principale » aussi facilement que les autres rectangles, nous pouvons chercher des propriétés vérifiées par R_1, qui devraient être plus simples à établir.

La figure précédente semble suggérer que $a + b = 1$. En effet, dans ce cas, le côté horizontal de R_2 aura pour longueur $1 - a = b$ et, à cause de l'égalité des aires, son côté vertical sera de longueur a, donc le rectangle R_3 aura un côté vertical de longueur $1 - a = b$, etc. Tout s'ajustera parfaitement dans la figure et, comme on le voit, R_0 sera un carré de côté de longueur $b - a$. Nous avons donc trouvé un objectif intermédiaire à atteindre : montrer que $a + b = 1$. D'un point de vue heuristique, nous pensons que ce but est plus facile à atteindre car nous savons exprimer toutes les données appropriées en fonction de a et b, tandis qu'il n'est pas si aisé de tout écrire en fonction du rectangle R_0.

En résumé, nous avons démontré la deuxième implication de la chaîne suivante :

$$\boxed{\text{Les aires de } R_1, R_2, R_3, R_4 \text{ sont égales}} \Rightarrow \boxed{a + b = 1} \Rightarrow \boxed{R_0 \text{ est un carré}}$$

et il nous reste maintenant à prouver la première implication.

On peut voir, par un raisonnement de géométrie analytique, que si l'on peut aisément traduire les données en une formule, en revanche la formule ne permet pas d'arriver immédiatement à l'objectif. Même si la relation d'égalité des aires semble bien pratique et simple à utiliser, il y a en réalité de nombreux obstacles à surmonter car on dispose seulement d'un tas de produits égaux dont les facteurs sont reliés par des formules additives. On peut essayer plutôt de travailler à l'aide de la contraposition : on peut, par exemple, essayer de démontrer que

$$\boxed{a+b\neq 1} \Rightarrow \boxed{\text{Les aires de } R_1, R_2, R_3, R_4 \text{ ne sont pas égales}}$$

ou faire un raisonnement par l'absurde en montrant que :

$$\boxed{a+b\neq 1} \,\&\, \boxed{\text{Les aires de } R_1, R_2, R_3, R_4 \text{ sont égales}} \Rightarrow \boxed{\text{Contradiction}}$$

Remarquez qu'avec la démonstration par l'absurde, on dispose de plus de données pour commencer, mais que la manière d'obtenir la contradiction finale est encore ouverte et vague. Toutefois, cette stratégie s'accorde bien avec notre approche initiale très qualitative : il devrait être impossible de sortir d'une configuration symétrique, sinon, tous les rectangles seraient déséquilibrés. Concentrons-nous donc davantage sur cette méthode de démonstration par l'absurde.

Supposons donc que $a+b$ soit trop grand, c'est-à-dire supérieur à 1, mais que les rectangles conservent quand même des aires égales. Nous devons réussir à en déduire une contradiction. Les quatre rectangles de la figure ont un plus grand côté, qu'on appellera longueur, et un plus petit côté, qu'on appellera largeur. Pour R_1, la longueur est b, et la largeur est a. Le fait que $a+b>1$ oblige le rectangle R_2 a être plus court que R_1. En effet, la longueur de R_2 est $1-a<b$. Puisqu'il est plus court et qu'il a la même aire, le rectangle R_2 doit être plus

large que R_1 (plus court et plus large : la forme du rectangle se rapproche de celle d'un carré). Par le même raisonnement, R_3 doit être plus court et plus large que R_2, il faut juste vérifier que la somme de la longueur et de la largeur de R_2 est encore supérieure à 1. C'est bien le cas, puisque du fait que $b > 1 - a$ on déduit $1 - a + \frac{ab}{1-a} > 1 - a + a = 1$. En appliquant le même raisonnement, on prouve que R_4 est plus court et plus large que R_3, et en l'appliquant encore une fois, on obtient que R_1 est plus court et plus large que R_4. Mais alors le rectangle R_1 est plus court et plus large que lui-même, ce qui est absurde.

Voilà donc la contradiction que nous recherchions. Le même enchaînement de causes à effets se reproduit si $a + b$ est inférieur à 1 : les rectangles sont chacun plus long et plus fin que le précédent et on montre finalement que le rectangle R_1 devrait être plus fin que lui-même, ce qui est absurde.

Ce problème est la parfaite illustration qu'un dessin vaut mieux que de longues séries d'équations. De plus, il met en évidence le fait que, parfois, manipuler des inégalités est plus facile et plus efficace que d'utiliser des égalités.

EXERCICE 4.4. Trouvez tous les nombres réels positifs x, y, z et tous les nombres entiers strictement positifs p, q, r tels que :

$$x^p + y^q = y^r + z^p = z^q + x^r = 2.$$

(*Indication.* Ce n'est absolument pas une question de géométrie, mais sa solution n'en demeure pas moins similaire à celle du problème 4.5.)

PROBLÈME 4.6. (AMOC Correspondence Programme, 1986 – 1987, Set One, Q1.) Soit un carré $ABCD$ et γ le cercle de centre B passant par A. Notons δ le demi-cercle de diamètre $[AB]$ intérieur au carré. Soit E un point de δ et F le point d'intersection de (BE) et du cercle γ. Démontrer que $\widehat{DAF} = \widehat{EAF}$.

Comme toujours, commençons par faire une figure :

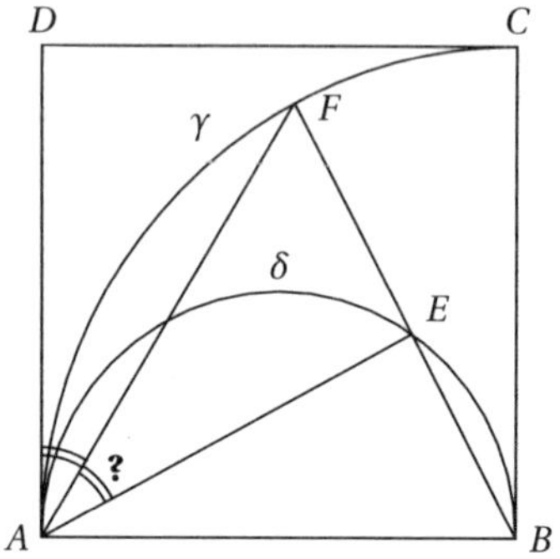

Nous devons donc établir une égalité entre deux angles. Étant donnée l'absence de tout élément d'information relativement aux longueurs des côtés, il semble que l'on doive attaquer le problème uniquement par le biais des angles. De toute façon, les cercles et les angles sont faits pour s'entendre. Mais ces angles-là, $\widehat{DAF}$ et $\widehat{EAF}$, paraissent quand même assez déconnectés. Nous allons devoir exprimer ces angles obscurs en fonction d'angles plus « sympathiques », de manière à pouvoir relier le premier au second.

Pour commencer, prenons l'angle $\widehat{DAF}$. Cet angle n'est relié à aucun des triangles de la figure, mais en revanche, il est associé au cercle γ. Le résultat (Euclide, Livre III, proposition 32) qui nous a servi pour démontrer le théorème 4.2 peut être utilisé à nouveau : nous pouvons écrire $\widehat{DAF} = \widehat{APF}$ où P est un point quelconque de l'arc $\widehat{FC}$ du cercle γ. Par exemple, nous avons $\widehat{DAF} = \widehat{ACF}$. Il est vrai que l'angle $\widehat{ACF}$ est à peu près aussi peu attirant que l'angle $\widehat{DAF}$. Mais il s'agit d'un angle inscrit dans un cercle. Par conséquent, il est égal à la moitié de l'angle au centre : $\widehat{ACF} = \frac{1}{2}\widehat{ABF}$. L'angle $\widehat{ABF}$ ressemble davantage à un angle important, relié à plusieurs triangles et cercles, donc nous avons obtenu un résultat intéressant : $\widehat{DAF} = \frac{1}{2}\widehat{ABF}$.

Occupons-nous maintenant de l'angle $\widehat{EAF}$. Il est encore plus dénué d'intérêt que l'angle $\widehat{DAF}$: il n'est rattaché directement à aucun autre objet. En revanche, il partage ses sommets avec des angles autrement agréables, comme $\widehat{DAB}$, $\widehat{EAB}$, etc., ce qui nous permet d'exprimer $\widehat{EAF}$ en fonction d'angles plus amicaux, par exemple ainsi :

$$\widehat{EAF} = \widehat{BAF} - \widehat{BAE}$$

ou encore

$$\widehat{EAF} = \widehat{DAB} - \widehat{DAF} - \widehat{BAE}$$

La première égalité nous laisse avec un angle assez commode $\widehat{BAE}$ et un autre légèrement moins pratique $\widehat{BAF}$. Cependant, la seconde relation offre plusieurs avantages : $\widehat{DAB}$ mesure 90° et nous avons déjà une expression de $\widehat{DAF}$. Par conséquent, nous pouvons écrire :

$$\widehat{EAF} = 90° - \frac{1}{2}\widehat{ABF} - \widehat{BAE}$$

Or les angles $\widehat{BAE}$ et $\widehat{ABF}$ appartiennent au même triangle ABE. Puisque nous avons exprimé les angles $\widehat{DAF}$ et $\widehat{EAF}$ en fonction d'angles du triangle ABE, il est sans doute temps de nous intéresser de plus près à ce triangle.

Tout d'abord, ABE est inscrit dans un demi-cercle. Ce fait doit nous rappeler le théorème attribué à Thalès (théorème 4.1) qui nous assure que $\widehat{BEA} = 90°$. Nous voyons maintenant apparaître un lien entre les angles $\widehat{ABF}$ et $\widehat{BAE}$, car la somme des mesures des angles d'un triangle est égale à 180°. Pour être plus explicite, nous avons : $\widehat{ABF} + \widehat{BAE} + \widehat{BEA} = 180°$, donc $\widehat{BAE} = 90° - \widehat{ABF}$. Introduisons à présent ce résultat dans l'expression donnant $\widehat{EAF}$; nous obtenons :

$$\begin{aligned}\widehat{EAF} &= 90° - \frac{1}{2}\widehat{ABF} - \widehat{BAE}\\ &= 90° - \frac{1}{2}\widehat{ABF} - (90° - \widehat{ABF})\\ &= \frac{1}{2}\widehat{ABF}\end{aligned}$$

C'est la même valeur que celle trouvée pour $\widehat{DAF}$. Par conséquent, nous avons démontré que $\widehat{EAF} = \widehat{DAF}$. Bien sûr, nous pourrions avoir envie de présenter notre raisonnement de manière plus ordonnée, peut-être sous la forme d'une longue suite d'égalités du type :

$$\begin{aligned}\widehat{DAF} &= \ldots\\ &= \ldots\\ &= \ldots\\ &= \widehat{EAF}.\end{aligned}$$

Mais lorsqu'on cherche une solution, on n'a pas à être si formel. Calculer séparément $\widehat{DAF}$ et $\widehat{EAF}$ en espérant qu'un résultat commun verra le jour n'est pas si stupide que ça, si on sait ce qu'on fait. Tant qu'on essaie de simplifier et de relier les choses, il y a de fortes chances pour que la solution survienne rapidement. (À supposer, bien sûr, qu'il y en ait une – mais la plupart des problèmes n'essaient pas de vous jouer ce genre de sale tour.)

Chapitre 5

Géométrie analytique

L'esprit géométrique n'est pas si attaché à la Géométrie qu'il n'en puisse être tiré, et transporté à d'autres connaissances. Un ouvrage de Morale, de Politique, de Critique, peut-être même d'Éloquence, en sera plus beau, toutes choses d'ailleurs égales, s'il est fait de main de Géomètre.

Bernard le Bouyer de Fontenelle,
Préface sur l'Utilité des Mathématiques et de la Physique.

Ce chapitre est constitué de problèmes mettant en jeu des concepts et objets géométriques, mais dont la résolution exige l'intervention d'idées provenant d'autres branches des mathématiques : algèbre, inégalités, récurrence, etc. Une méthode fonctionne parfois très bien : traduire le problème géométrique en termes de vecteurs afin de pouvoir utiliser les règles du calcul vectoriel. En voici un exemple.

PROBLÈME 5.1. (Australian Mathematics Competition, 1987, p. 14.) Un polygone régulier à n sommets est inscrit dans un cercle de rayon 1. Notons L l'ensemble des longueurs distinctes de tous les segments joignant deux sommets du polygone. Que vaut la somme des carrés de tous les éléments de L?

Commençons déjà par donner un nom à « la somme des carrés de tous les éléments de L », en la désignant, par exemple, par « S »; notre boulot est donc de calculer S. C'est ce qu'on pourrait appeler un problème « faisable » : il n'est pas du type

« Démontrer que... » ou « Existe-t-il un... ? » mais se résume à évaluer une quantité qui peut – pourquoi pas ? – être déterminée par application directe de formules trigonométriques et du théorème de Pythagore. Par exemple, lorsque $n = 4$, nous avons un carré inscrit dans le cercle unité. Les longueurs distinctes possibles sont $\sqrt{2}$, pour les côtés, et 2, pour les diagonales, donc $S = \sqrt{2}^2 + 2^2 = 6$. Dans le cas où $n = 3$, la seule longueur que nous ayons est celle d'un côté du triangle équilatéral, qui vaut $\sqrt{3}$ et donc $S = \sqrt{3}^2 = 3$. Si $n = 5$, le calcul n'est pas aussi facile sauf si vous connaissez tout un tas de formules avec sinus et cosinus, donc passons cet obstacle en traitant plutôt le cas $n = 6$. La longueur d'un côté est alors 1, celle d'une « petite diagonale » est $\sqrt{3}$ et la « longue diagonale » mesure 2. Par conséquent, dans ce cas, $S = 1^2 + \sqrt{2}^2 + 2^2 = 8$. Examinons enfin le cas (dégénéré) correspondant à $n = 2$, où le « polygone » est tout simplement un diamètre et $S = 2^2 = 4$. Nous avons donc obtenu les résultats particuliers suivants :

n	S
2?	4?
3	3
4	6
6	8

en marquant d'un point d'interrogation le cas $n = 2$, car il est quand même douteux de parler d'un polygone à deux sommets.

Ce petit tableau ne nous donne pas beaucoup d'indices quant à la formule générale permettant de calculer S. La première étape, c'est de faire une figure. Il est probablement utile de donner des noms aux sommets. Pour une valeur donnée de n (par exemple $n = 5$ ou $n = 6$), on peut nommer les sommets A, B, C, etc., mais dans le cas général, il est vraisemblablement plus pratique de les appeler $A_1, A_2, A_3, \ldots, A_n$, comme ceci :

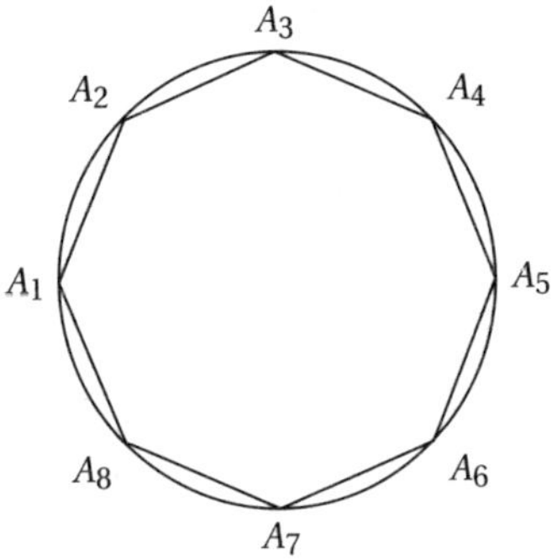

Le moment est venu de faire nos premières observations et conjectures :

(a) Il pourrait bien y avoir une différence selon que n est pair ou impair. Si n est pair, nous devons tenir compte de la « longue diagonale ». Plus précisément, lorsque n est pair nous avons $\frac{n}{2}$ diagonales, et si n est impair nous en avons $\frac{n-1}{2}$.

(b) Le résultat sera nécessairement un nombre entier. Au point où nous en sommes, ce n'est pas une remarque extraordinaire parce que jusqu'à présent nous n'avons considéré que des cas particuliers comme le carré, l'hexagone et le triangle équilatéral, où les côtés et les diagonales ont tous des longueur du type « racine carrée ». Cependant, cela nous permet d'espérer que la solution générale ne sera pas trop « vilaine ».

(c) Nous additionnons des carrés de longueurs, et non pas directement des longueurs. Ce constat nous fait quitter immédiatement le domaine de la géométrie pure pour celui de la géométrie analytique : il suggère d'utiliser des vecteurs, ou les coordonnées des points dans un repère, ou encore les nombres complexes (de toute façon, ce sont fondamentalement des manières équivalentes d'approcher le problème). La méthode des coordonnées nous permettra d'avancer lentement mais sûrement vers la solution en mettant en œuvre des sommes trigonométriques, mais la géométrie vectorielle et les nombres complexes paraissent plus prometteurs (la géométrie vectorielle permet de disposer du produit scalaire et les nombres complexes offrent la possibilité d'utiliser l'exponentielle complexe).

(d) Il est pratiquement impossible d'essayer de résoudre le problème directement, car nous n'ajoutons pas les carrés des longueurs de tous les segments, mais seulement des segments de longueurs distinctes. Toutefois, nous pouvons aisément reformuler la question de manière à la réduire à une formule. (Les formules sont synonymes de mathématiques sérieuses. Elles ne sont pas une source d'inspiration comparable aux figures ou aux idées, mais elles sont d'un maniement commode. En général, on essaie toujours d'exprimer l'objectif sous la forme d'une formule d'un certain type. Il existe des exceptions toutefois dans certains domaines comme la théorie des graphes ou l'analyse combinatoire.) Par ailleurs, si nous nous restreignons aux segments issus d'un même sommet du polygone, ceux-ci couvriront toutes les longueurs souhaitées.

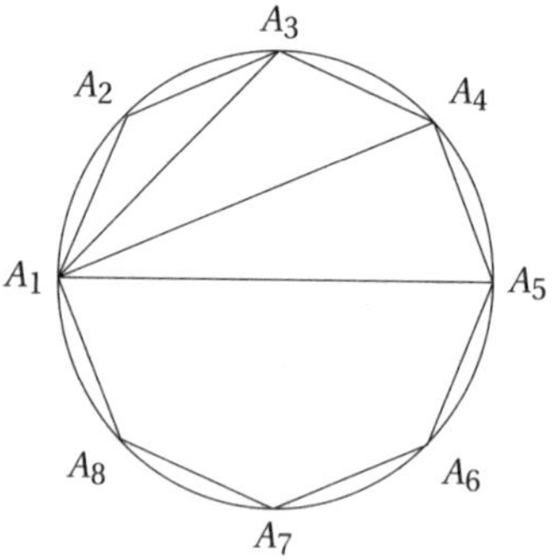

Par exemple, dans cette figure, où n est pair, nous avons tracé les quatre diagonales (pour simplifier, on considère $[A_1A_2]$

comme une diagonale) dont les longueurs sont distinctes. En nous limitant au demi-cercle supérieur, nous rencontrons chaque longueur de diagonale une seule fois ; les longueurs A_1A_2, A_1A_3, A_1A_4 et A_1A_5 recouvrent l'ensemble des longueurs que nous voulons. Autrement dit, nous pouvons écrire la réponse que nous cherchons sous la forme : $A_1A_2^2 + A_1A_3^2 + A_1A_4^2 + A_1A_5^2$. Plus généralement, nous essayons de calculer $A_1A_2^2 + \cdots + A_1A_m^2$, où $m = \frac{n}{2} + 1$ (si n est pair) ou $m = \frac{n+1}{2}$ (si n est impair). Nous pouvons donc rendre l'énoncé du problème plus explicite :

> Soit un polygone régulier à n sommets $A_1, A_2, A_3, \ldots, A_n$, inscrit dans un cercle de rayon 1. Posons $m = \frac{n}{2}+1$ si n est pair, et $m = \frac{n+1}{2}$ si n est impair. Calculer $S = A_1A_2^2 + \cdots + A_1A_m^2$.

Il est un peu gênant que la somme $A_1A_2^2 + \cdots + A_1A_m^2$ s'arrête avec A_m au lieu de finir sur le terme A_n qui serait plus naturel. Mais (comme dans le problème 2.6) nous pouvons « dédoubler » les termes : par symétrie, nous avons $A_1A_i = A_1A_{n+2-i}$, et donc

$$S = \frac{1}{2}\big(A_1A_2^2 + A_1A_3^2 + \cdots + A_1A_m^2 + A_1A_n^2 + A_1A_{n-1}^2 + \cdots + A_1A_{n+2-m}^2\big).$$

Notons que lorsque n est pair, nous comptons deux fois le carré de la grande diagonale $A_1A_{\frac{n}{2}+1}^2 = 4$. Nous pouvons mettre de l'ordre dans tout ça et ajouter la quantité $A_1A_1^2$ (puisqu'elle est nulle) par souci de symétrie, pour obtenir

$$S = \frac{1}{2}\big(A_1A_1^2 + A_1A_2^2 + \cdots + A_1A_n^2\big) \tag{16}$$

si n est impair, et

$$S = \frac{1}{2}\big(A_1A_1^2 + A_1A_2^2 + \cdots + A_1A_n^2\big) + 2 \tag{17}$$

si n est pair (le 2 vient du terme diagonal supplémentaire $A_1A^2_{\frac{n}{2}+1} = 4$ que l'on multiplie par $\frac{1}{2}$). Il est alors naturel d'introduire la quantité

$$T = A_1A_1^2 + A_1A_2^2 + \cdots + A_1A_n^2 \tag{18}$$

et d'essayer de calculer T plutôt que S. Il y a plusieurs avantages qui justifient ce choix :

- Une fois que nous aurons T, les équations (16) et (17) nous donneront immédiatement S.
- L'expression de T est plus belle que celle de S et se révélera certainement, espérons-le, plus facile à calculer.
- Pour calculer T, nous n'avons pas besoin de distinguer les cas selon la parité de n, ce qui épargnera peut-être quelques efforts.

Reprenons le tableau dans lequel nous considérions certaines petites valeurs de n ($n = 3, 4, 6$) et calculons T dans une nouvelle colonne (en utilisant les relations (16) et (17) par exemple) :

n	S	T
2?	4?	4?
3	3	6
4	6	8
6	8	12

À partir de ce tableau, nous pouvons maintenant conjecturer que $T = 2n$; des relations (16) et (17), nous déduirions qu'alors $S = n$ lorsque n est impair et $S = n+2$ lorsque n est pair. C'est certainement la bonne réponse, il ne reste plus qu'à le démontrer.

C'est le moment d'utiliser les propriétés de la géométrie vectorielle, et notamment les outils permettant de traiter les expressions du type de la relation (18). Comme le carré de la longueur d'un segment correspond au carré de la norme d'un vecteur, et donc simplement au produit scalaire $\vec{v}\cdot\vec{v}$ de $\vec{v}$ par lui-même, nous pouvons exprimer T sous la forme suivante :

$$T = (\overrightarrow{OA_1} - \overrightarrow{OA_1})\cdot(\overrightarrow{OA_1} - \overrightarrow{OA_1}) + (\overrightarrow{OA_1} - \overrightarrow{OA_2})\cdot(\overrightarrow{OA_1} - \overrightarrow{OA_2}) + \cdots + (\overrightarrow{OA_1} - \overrightarrow{OA_n})\cdot(\overrightarrow{OA_1} - \overrightarrow{OA_n}),$$

où O désigne l'origine du repère, que nous pouvons placer à l'endroit qui nous convient le mieux, le choix le plus logique étant de prendre l'origine au centre du cercle. (Juste après viendrait l'option de placer l'origine du repère en A_1.) Le principal intérêt de placer l'origine au centre du cercle, c'est qu'ainsi tous les vecteurs $\overrightarrow{OA_1},\ldots,\overrightarrow{OA_n}$ sont de norme 1, donc $\overrightarrow{OA_1}\cdot\overrightarrow{OA_1} = \cdots = \overrightarrow{OA_n}\cdot\overrightarrow{OA_n} = 1$. En particulier, les règles du calcul vectoriel nous donnent :

$$T = (\overrightarrow{OA_1}-\overrightarrow{OA_i})\cdot(\overrightarrow{OA_1}-\overrightarrow{OA_i}) = \overrightarrow{OA_1}\cdot\overrightarrow{OA_1}-2\overrightarrow{OA_1}\cdot\overrightarrow{OA_i}+\overrightarrow{OA_i}\cdot\overrightarrow{OA_i}$$

et donc nous pouvons développer T pour obtenir

$$T = (2-2\overrightarrow{OA_1}\cdot\overrightarrow{OA_1}) + (2-2\overrightarrow{OA_1}\cdot\overrightarrow{OA_2}) + \cdots + (2-2\overrightarrow{OA_1}\cdot\overrightarrow{OA_n}).$$

Après regroupement et simplification des termes, il vient :

$$T = 2n - 2\overrightarrow{OA_1}\cdot(\overrightarrow{OA_1} + \overrightarrow{OA_2} + \cdots + \overrightarrow{OA_n}).$$

Or, nous avions été amenés à penser que $T = 2n$. Nous aurons démontré ce résultat si nous parvenons à prouver que la somme vectorielle $\overrightarrow{OA_1} + \overrightarrow{OA_2} + \cdots + \overrightarrow{OA_n}$ est nulle. Mais ceci est évident pour des raisons de symétrie (les vecteurs « tirent » dans toutes les directions avec la même intensité, donc la résultante doit être nulle. Une autre façon de voir les choses consiste à dire que le centre de gravité du polygone régulier est aussi son centre. Il faut toujours songer aux différentes manières d'exploiter la symétrie). Finalement, $T = 2n$, et donc $S = n$ lorsque n est impair et $S = n+2$ lorsque n est pair.

On a le droit de ne pas se sentir totalement satisfait par l'argument de symétrie exhibé pour établir que $\overrightarrow{OA_1} + \overrightarrow{OA_2} + \cdots + \overrightarrow{OA_n} = \overrightarrow{0}$. On pourrait utiliser la trigonométrie ou les nombres complexes pour en donner une démonstration plus concrète, mais voici un raisonnement détaillé, basé lui aussi sur la symétrie : considérons le vecteur $\vec{v} = \overrightarrow{OA_1} + \overrightarrow{OA_2} + \cdots + \overrightarrow{OA_n}$ et effectuons une rotation de $\frac{360°}{n}$ autour de l'origine. Cette transformation déplace d'un cran tous les sommets $A_1, \ldots, A_n$ mais elle ne modifie pas la somme $\vec{v} = \overrightarrow{OA_1} + \overrightarrow{OA_2} + \cdots + \overrightarrow{OA_n}$. Autrement dit, quand nous appliquons au vecteur $\vec{v}$ une rotation de $\frac{360°}{n}$ autour de l'origine, nous retombons sur le vecteur $\vec{v}$. Ceci implique que $\vec{v} = \overrightarrow{0}$ et donc que $\overrightarrow{OA_1} + \overrightarrow{OA_2} + \cdots + \overrightarrow{OA_n} = \overrightarrow{0}$, comme désiré.

On peut donner une interprétation plus physique du raisonnement précédent; en fait, la somme de carrés T correspond essentiellement au moment d'inertie autour du point A_1 et on peut alors utiliser le théorème de Steiner relatif aux axes parallèles [Borchardt 1961, p. 370] pour amener le centre de rotation sur le centre de gravité.

EXERCICE 5.1. (★★) Démontrez que l'aire de la projection du cube unité sur un plan est égale à la longueur de la projection du cube sur une perpendiculaire à ce plan. (*Indications.* Il existe une jolie solution vectorielle, mais elle nécessite de suivre la piste des produits vectoriels, etc. Tout d'abord, choisissez un bon système de coordonnées puis prenez les vecteurs les plus sympathiques que vous trouverez. Inscrivez l'objectif et modifiez-le, en tirant profit des produits vectoriels, des produits scalaires et de la grande quantité de vecteurs orthogonaux. Exploitez aussi le fait que de nombreux vecteurs sont unitaires (c'est-à-dire tels que $\vec{v} \cdot \vec{v} = 1$). Finalement, une fois que vous aurez résolu le problème, réécrivez la démonstration et observez l'élégance de cette méthode vectorielle.)

PROBLÈME 5.2. (⋆) Un rectangle est partitionné en plusieurs rectangles plus petits. Chacun de ces petits rectangles a au moins un côté de longueur entière. Montrer que le grand rectangle a au moins un côté de longueur entière.

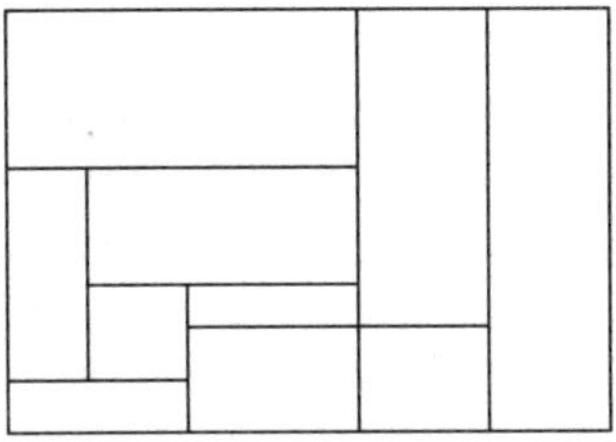

Voilà un problème d'apparence agréable. Il est donc légitime de supposer qu'il devrait y avoir une solution tout aussi agréable. Toutefois, la conclusion est un peu surprenante : si tous les petits rectangles ont un « côté entier » (ou peut-être plus), pourquoi le grand rectangle devrait-il en avoir un ? Si à la place des rectangles nous étions en train de jouer avec de simples segments, les choses seraient claires : le grand segment, composé de petits segments de longueurs entières, aurait bien évidemment une longueur entière puisqu'égale à une somme d'entiers. Ce cas uni-dimensionnel n'est pas d'une grande aide pour résoudre le problème bi-dimensionnel, à l'exception toutefois de l'indice suivant : nous devons utiliser le fait qu'une somme d'entiers est un entier. Commençons déjà par nous munir d'une notation pratique : un « côté entier » signifiera un côté de longueur entière.

Le problème touche par certains côtés à la topologie, à la combinatoire et peut-être pire encore, principalement à cause du mot « partition ». C'est un terme vague et un peu trop général. Afin de tenter une approche du problème, considérons la partition simple (mais non triviale) suivante :

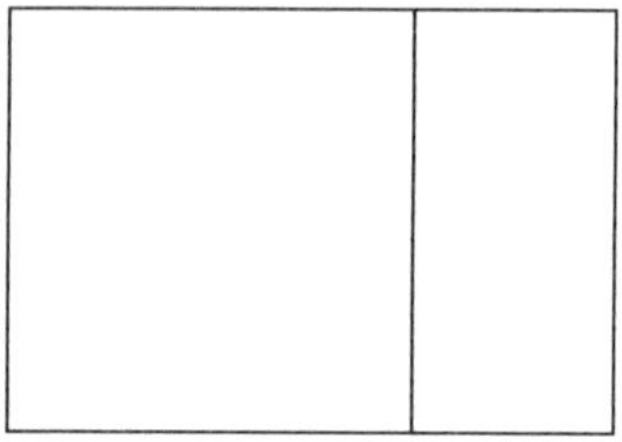

Nous avons deux « sous-rectangles » et nous savons qu'ils ont chacun au moins un côté entier. Mais ces côtés pourraient être horizontaux ou verticaux : nous n'en savons pas davantage. Supposons que le « sous-rectangle » de gauche ait un côté vertical entier. Comme la longueur de son côté vertical est égale à la longueur du côté vertical du grand rectangle, nous venons de prouver que le grand rectangle a un côté entier.

Si ce n'est pas le cas, le « sous-rectangle » de gauche a un côté horizontal entier. Par un raisonnement similaire, nous pouvons supposer que le « sous-rectangle » de droite a aussi un côté horizontal entier et alors le grand rectangle a un côté horizontal entier, car la somme de deux nombres entiers est un entier. Par conséquent, nous avons démontré le résultat dans le cas particulier d'une partition en deux « sous-rectangles ». Mais qu'avons-nous fait, au juste ? (Les exemples sont utiles seulement lorsqu'ils nous fournissent un aperçu de la manière dont fonctionne le cas général.) En analysant la preuve ci-dessus, nous observons deux ingrédients clés :

(a) Nous devons scinder le problème en plusieurs cas, car chaque « sous-rectangle » peut avoir un côté vertical entier ou un côté horizontal entier.
(b) La seule façon de prouver que le grand rectangle a un côté horizontal entier, par exemple, c'est de trouver une « chaîne » de petits rectangles à côtés horizontaux entiers dont la somme recouvre tout le côté horizontal du grand rectangle. Voici un exemple dans lequel les rectangles grisés ont un côté horizontal entier, donc le grand rectangle

a lui aussi un côté horizontal entier :

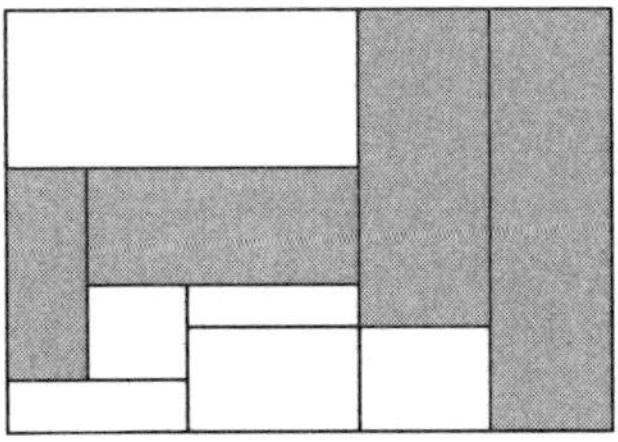

Avec ces objectifs plutôt vagues en tête, nous pouvons formuler une stratégie approximative :

> Trouver soit une chaîne de rectangles à côtés horizontaux entiers, soit une chaîne de rectangles à côtés verticaux entiers, lesquels s'ajoutent pour former un côté horizontal entier ou un côté vertical entier du grand rectangle.

Mais il faut trouver une telle chaîne pour chacune des partitions possibles. Les partitions sont des choses très vilaines. Et chaque rectangle a le choix entre un côté horizontal entier et un côté vertical entier. Certains rectangles peuvent même avoir les deux. Dans ces conditions, comment allons-nous réussir à trouver un système qui fonctionne pour toutes ces possibilités ?

Pour visualiser la situation, imaginons les rectangles à côtés horizontaux entiers colorés en vert, et les rectangles à côtés verticaux entiers colorés en rouge. Donnons aux rectangles qui ont à la fois leurs côtés horizontaux et leur côtés verticaux entiers n'importe laquelle des deux couleurs [1]. Chacun des petits rectangles est donc rouge ou vert, et nous devons trouver soit une chaîne verte reliant les deux côtés verticaux du grand rectangle, soit une chaîne rouge reliant les deux côtés horizontaux.

Aucune idée de preuve directe ne se présentant, essayons une démonstration par l'absurde. Supposons qu'il ne soit pas possible de relier les côtés verticaux du grand rectangle par une

1. Le vert est représenté dans les figures qui suivent par du gris clair, et le rouge par du gris foncé. (N.d.T.)

chaîne de rectangles verts. Pourquoi est-ce impossible ? Parce qu'il n'y a pas assez de rectangles verts, ou plus précisément parce que les rectangles rouges bloquent les verts. Mais la seule façon d'empêcher les rectangles verts d'atteindre un côté vertical en partant du côté opposé est d'avoir une barrière continue de rectangles rouges, qui relie les deux côtés horizontaux du grand rectangle. Donc, ou bien les rectangles verts relient les côtés verticaux du grand rectangle, ou bien ce sont les rouges qui relient les côtés horizontaux.

[Ce qui précède est plutôt intuitif, et on peut donner une démonstration plus formelle. Colorons en vert le côté gauche du grand rectangle, et considérons la réunion de tous les rectangles verts qui peuvent être joints au bord gauche par une chaîne de rectangles verts. La région ainsi formée a une frontière extérieure (on dit « extérieure » parce qu'elle peut comporter des enclaves rouges). Il se peut que cette frontière extérieure ait un segment commun avec le bord droit du grand rectangle, auquel cas le côté horizontal du grand rectangle est entier. Dans le cas contraire, juste de l'autre côté de cette frontière se trouvent des rectangles rouges, qui forment la chaîne de rectangles rouges cherchés.

Le raisonnement n'est pas complet : il peut y avoir des rectangles inutiles dans les chaînes, on s'en débarrasse aisément ; il peut y avoir des retours en arrière, mais cela revient à retrancher un entier au lieu de l'ajouter quand on calcule la longueur totale, le total reste entier ; il peut y avoir des rectangles qui se touchent par un coin, c'est un cas facile à traiter.]

Ce raisonnement [2] vous a-t-il convaincu ? En 2008, Terence Tao, averti par plusieurs lecteurs de son livre, a réalisé qu'il était

2. Les lignes qui suivent n'ont pas été rédigées par Terence Tao, mais elles sont inspirées par la correction de la solution du problème 5.2 qu'il donne sur son blog. Terence Tao indique aussi qu'il existe plusieurs solutions différentes du problème 5.2. On pourra consulter par exemple V. Bansaye, F. Boucekkine, M. Bouvel et al. *Maths la Terminale S – Objectif mention Très Très bien en 24 problèmes corrigés*, Ellipses, 2016. (N.d.T.)

faux. La raison est que si deux rectangles verts par exemple se touchent par le côté et non par leurs extrémités verticales, les côtés en contact ont en commun un segment qui n'a aucune raison d'être de longueur entière, et les longueurs des rectangles ne s'additionnent pas comme indiqué plus haut.

L'assertion (b) ci-dessus : « *La seule façon de prouver que le grand rectangle a un côté horizontal entier, par exemple, c'est de trouver une « chaîne » de petits rectangles à côtés horizontaux entiers dont la somme recouvre tout le côté horizontal du grand rectangle* » est en réalité fausse.

Terence Tao a donc essayé d'améliorer son raisonnement en en conservant l'idée fondamentale, qui relève de la topologie, mais qui est tout à fait intuitive : « Il n'est pas possible qu'il y ait à la fois un chemin continu vert du bord gauche au bord droit et un chemin continu rouge du bord supérieur au bord inférieur. »

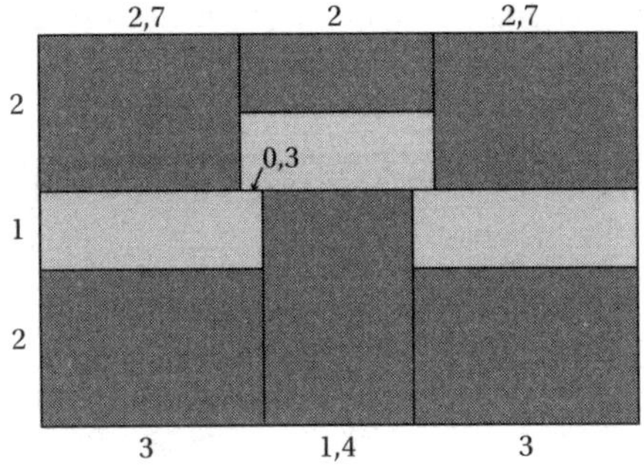

Voyez la figure ci-dessus : les rectangles verts ne forment pas une chaîne dont on pourrait additionner les longueurs pour obtenir un entier. D'ailleurs la longueur du côté horizontal du grand rectangle est 7,4. Et il n'y a pas moyen non plus de former une chaîne de rectangles rouges dont on pourrait additionner les longueurs, parce que les rectangles verts bloquent cette formation. Pourtant la longueur du côté vertical du grand rectangle est bien la somme de celles de deux côtés verticaux de rectangles rouges (les rectangles A et B).

C'est sans doute après avoir fait une figure de ce genre que Terence Tao a proposé la démonstration suivante :

- colorons *l'intérieur* des rectangles à côtés horizontaux entiers en vert, et celui des rectangles à côté verticaux en rouge ;
- puis colorons tous les côtés verticaux en vert, *sans colorer les extrémités,* et de même tous les côtés horizontaux en rouge, toujours *sans colorer les extrémités* ;
- il reste quelques coins qui ne sont pas coloriés ; colorons-les indifféremment en vert ou en rouge.

Alors, s'il existe un chemin vert (formé de rectangles verts, de segments verts et de points verts) joignant les côtés verticaux du grand rectangle, on peut l'utiliser pour montrer que le côté horizontal du grand rectangle est entier, et de même pour un chemin rouge joignant les côtés horizontaux du grand rectangle. Et l'un des deux existe forcément.

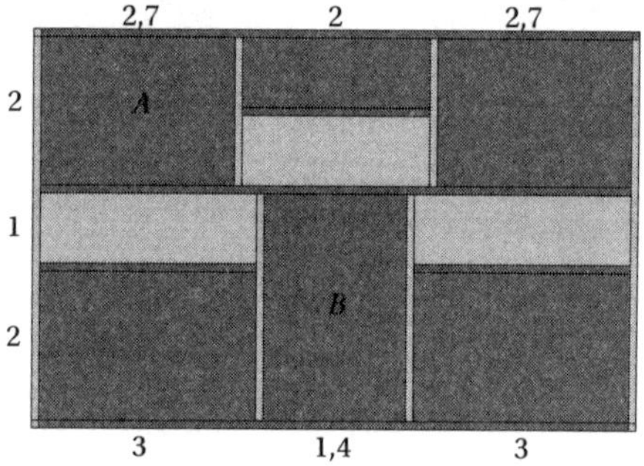

Dans ce schéma, on a donné une grande épaisseur aux côtés verts et rouges, bien qu'en théorie ils soient d'épaisseur nulle.

Comme on le voit sur la figure, les côtés horizontaux rouges font barrage et garantissent qu'on ne peut passer d'un rectangle vert à un autre qu'au niveau des extrémités droite et gauche (du coup, il n'y a pas de chaîne verte). De même, les côtés verticaux verts garantissent qu'on ne peut passer d'un rectangle rouge à un autre qu'au niveau des extrémités haut et bas. C'est ce qui garantit que dans une chaîne, il ne peut y avoir qu'addition de côtés entiers (éventuellement soustraction s'il y a des retours en arrière). De plus, les côtés verts et rouges peuvent être utilisés pour former des chaînes avec des rectangles qui ne se touchent pas : voir les rectangles rouges A et B sur la figure; malgré l'existence d'une chaîne verte mal formée qui bloque toutes les chaînes rouges (au sens de la première démonstration), la hauteur du grand rectangle est la somme des hauteurs entières des deux rectangles rouges A et B.

PROBLÈME 5.3. (Taylor 1989, p. 8.) Dans un plan, nous avons une collection finie de points disposés de telle manière que trois d'entre eux ne sont jamais alignés. Certains points sont reliés à d'autres par des segments, mais chaque point est une extrémité d'au plus un segment. Nous appliquons maintenant la procédure suivante : on prend deux segments qui se coupent, par exemple $[AB]$ et $[CD]$, on les efface et on les remplace par $[AC]$ et $[BD]$. Est-il possible de poursuivre indéfiniment cette procédure?

Tout d'abord, on devrait vérifier que cette procédure ne conduit pas à des situations ambigües ou dégénérées : en particulier, on ne veut pas créer des segments de longueur nulle ni avoir deux segments qui se superposent. C'est la raison de la condition « chaque point est une extrémité d'au plus un segment ». De toute façon, c'est facile à vérifier mais il faut quand même le faire (ça pourrait être une question délicate!).

Après quelques essais, il paraît vraisemblable que la procédure se termine toujours. Au bout d'un certain temps, les segments semblent tous s'évader vers les bords extérieurs et ne se coupent plus. C'est facile à dire en français, mais comment traduire cela en langage mathématique?

Il faut réussir à exprimer le fait que la « fuite vers les bords » de l'ensemble s'accentue à chaque nouvelle application de la procédure. Et que ceci ne peut se produire indéfiniment puisqu'il y a seulement un nombre fini de configurations possibles du système. À la fin, la caractéristique de « fuite vers les bords » atteint un maximum et la procédure s'arrête. (C'est ainsi : les choses cessent lorsqu'elles ne peuvent aller plus loin.)

Nous avons donc à accomplir les tâches suivantes :

(a) Trouver une caractéristique du système qui pourrait être représentée par un nombre. On pourrait penser au nombre d'intersections, au nombre de segments, ou encore à une somme de points soigneusement choisis (comme sur une cible de fléchettes). En tous cas, il faut qu'elle mesure la quantité de « fuite vers les bords » ; c'est-à-dire que la caractéristique doit être maximale lorsque tous les segments sont répartis sur le contour.

(b) Cette caractéristique doit augmenter (ou même simplement rester constante, mais dans ce cas, c'est une condition bien plus faible) à chaque fois que la procédure est appliquée.

[À titre d'exemple, toute personne un tant soit peu familière du jeu *Sprouts* a dû s'apercevoir qu'à chaque fois qu'une action est accomplie (relier deux points par une ligne et ajouter un nouveau point sur cette ligne), le nombre de sorties offertes (pour un point, une sortie est une ligne non encore tracée ; chaque point ne peut être relié à plus de trois lignes) diminue de un (deux sorties sont supprimées par la ligne dessinée et une sortie est créée par l'ajout du nouveau point). Ce qui prouve que le jeu ne peut durer éternellement puisqu'à un moment donné, on sera à court de sorties.]

Il nous faut donc trouver une caractéristique qui respecte les contraintes (a) et (b). Il n'y a pas une solution unique : plusieurs types de caractéristiques sont susceptibles de vérifier ces conditions. Mais une seule nous suffit. La meilleure méthode est d'essayer d'en deviner une simple en espérant qu'elle fonctionne dans notre cas.

Essayons tout d'abord les plus simples possibles. Pourquoi pas le « nombre de points »? Comme cette quantité ne varie jamais, ça ne nous aide pas vraiment. Le « nombre de droites » ne fait pas l'affaire non plus, pour la même raison. Le « nombre d'intersections » est plus prometteur, toutefois il ne diminue pas à chaque nouvelle application de la procédure (même s'il doit diminuer à la longue), comme nous pouvons le voir ici :

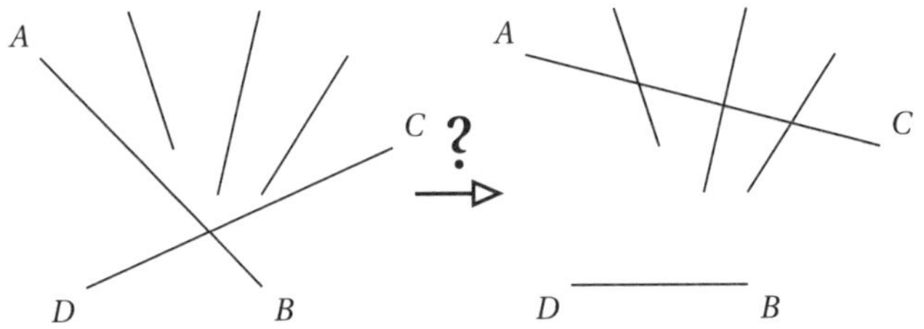

D'un seul point d'intersection, nous sommes passés à trois.

Réfléchissons un peu : qu'est ce qui diminue lorsqu'on remplace deux segments sécants par deux segments qui ne se coupent pas? D'une certaine façon, les segments sont alors davantage séparés. À ce moment, on peut penser à quelque chose comme « la somme des distances entre les segments », mais ce n'est pas commode à calculer. Dans le même esprit, on peut aussi songer à « la somme des longueurs des segments »; en effet, non seulement les segments deviennent plus séparés, mais ils raccourcissent aussi. (L'inégalité triangulaire – la somme des longueurs de deux côtés d'un triangle est supérieure à la longueur du troisième côté – nous le prouve aisément.) Par conséquent, la longueur totale de tous les segments décroît après chaque opération, et donc, la procédure ne peut ni être cyclique, ni se poursuivre indéfiniment (car il n'y a qu'un nombre fini de configurations possibles pour les segments reliant les points, qui sont donnés au départ) et voilà le problème résolu.

Comme nous modifions deux segments à chaque étape, les caractéristiques à prendre en considération doivent porter sur les segments plutôt que sur les intersections ou toute autre propriété. Or il n'y a vraiment que trois attributs distincts relatifs aux segments : la longueur, la position et l'orientation. Les caractéristiques de type position et orientation ne fournissent pas de bons résultats car elles n'augmentent ni ne diminuent vraiment : il est, par exemple, très douteux qu'après chaque opération, l'orientation totale (quel que soit le sens qu'on donne à cette expression) varie dans le sens des aiguilles d'une montre. Et puis, s'il en était ainsi, pourquoi dans ce sens et non dans le sens inverse des aiguilles d'une montre ? Il n'y a pas de réelle différence entre sens direct et sens inverse tandis qu'il existe une distinction précise entre « plus long » et « plus court ». Avec ces remarques en tête, on est presque obligé d'en arriver à utiliser la notion de « longueur totale ».

PROBLÈME 5.4. (Taylor 1989, p. 34, Q2.) Un garçon se trouve au centre d'une piscine carrée tandis que son professeur (qui ne sait pas nager) est placé dans un des coins de cette piscine. Le professeur court trois fois plus vite que le garçon ne nage mais ce dernier court plus vite que son professeur. Le garçon peut-il échapper à son professeur ? (On suppose que chacun des deux est inépuisable.)

Dessinons tout d'abord la figure en marquant certains points :

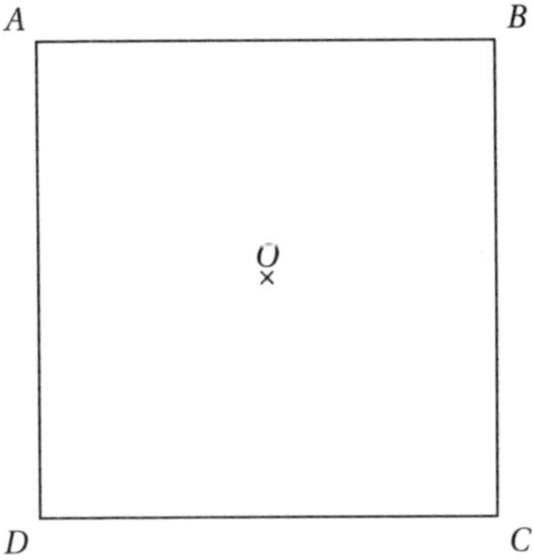

Le garçon se trouve donc initialement en O tandis que son professeur est dans un des coins – disons A. Choisissons aussi une unité de longueur telle que chacun des côtés de la piscine mesure 1.

La première chose à faire pour résoudre le problème posé c'est de commencer par décider quelle est la réponse correcte selon nous. (On ne peut se mettre sérieusement à la recherche d'une solution qu'une fois que l'on sait ce qu'il faut établir.) Il n'y a pas d'indication dans un sens ou dans l'autre mais considérons les choses autrement : si le garçon pouvait s'échapper, alors il disposerait d'une stratégie gagnante. Sinon, c'est son professeur qui aurait une stratégie gagnante, en ce sens qu'il pourrait toujours manœuvrer de manière à intercepter le garçon, quels que soient les actions choisies par ce dernier. Cette dernière option est très difficile d'un point de vue mathématique : nous devons trouver une stratégie qui s'adapte à tous les mouvements du garçon – et il y a beaucoup, beaucoup de possibilités pour celui-ci (qui peut se déplacer dans deux dimensions, alors que son professeur est astreint à une seule). En revanche, la première option est plus facile et n'exige pas trop de tâtonnements : nous devons deviner intelligemment une stratégie puis prouver qu'elle fonctionne. À coup sûr, il est plus facile de démontrer qu'une stratégie donnée fonctionne plutôt que de prouver que toutes les stratégies possibles sont vouées à l'échec. Par conséquent, supposons que le garçon peut s'échapper. Ça paraît vraiment être la plus simple des deux alternatives : il faut toujours démarrer par les options « sympathiques » – ce qui peut éviter pas mal de boulot par la suite. (Ce n'est pas de la paresse mais du pragmatisme. Du moment que le travail est fait, la solution de facilité est bien évidemment préférable à une méthode compliquée.)

Le garçon court plus vite que le professeur, ce qui signifie que dès qu'il est sur terre, il peut s'échapper si son professeur n'est pas présent à l'endroit où il sort de l'eau. Son objectif premier est donc de sortir de la piscine. La remarque précédente nous montre simplement que nous n'avons pas à nous concentrer sur la vitesse de course du garçon pour résoudre le problème.

Avant d'essayer de deviner la bonne stratégie, faisons déjà preuve de bon sens en éliminant certaines des mauvaises et en isolant quelques-unes des plus prometteuses. Premièrement, le garçon doit se servir de sa vitesse maximale de déplacement : même si une raison mystérieuse conduisait à obtenir un avantage en ralentissant, le professeur n'aurait à son tour qu'à ralentir pour le neutraliser. Le même raisonnement montre que s'arrêter est aussi inutile : le professeur n'aurait alors qu'à attendre jusqu'à ce que le garçon redémarre. (Dans ce problème, un match nul ne serait pas du tout une sorte de victoire du point de vue du garçon.) Deuxièmement, nous supposons que le professeur n'est pas idiot et qu'il reste bien collé au rebord de la piscine (pourquoi s'en écarterait-il? Cela ne ferait que le ralentir). Troisièmement, comme le garçon essaie de rejoindre rapidement un des bords de la piscine (en tous cas, plus rapidement que son professeur), il est probable que les déplacements en ligne droite, qui sont les plus courts (et donc les plus rapides) constituent un des éléments de la solution – même si on peut imaginer que des demi-tours soudains ou des virages pourraient être utilisés avantageusement par le garçon. Enfin, la stratégie ne doit pas être entièrement préétablie mais dépendre en partie des actions du professeur : effectivement, si le professeur sait que le garçon va barboter par ci par là pendant quelque temps avant de rejoindre le coin B, par exemple, il n'a qu'à courir directement au point B et attendre que le garçon arrive – si ce dernier suit bêtement son plan initial.

En résumé : les ingrédients permettant d'établir la meilleure stratégie pour le garçon sont les trajets en ligne droite réalisés à la vitesse maximale. La stratégie doit aussi être suffisamment souple pour tenir compte des actions du professeur. À l'aide de ces principes généraux, nous pouvons déterminer certaines stratégies. Bien évidemment, le garçon doit s'éloigner du professeur : foncer tout droit vers le point A ne serait pas bien malin. Une solution intuitive est plutôt de se diriger vers C, qui est le point le plus éloigné de A. Le garçon doit alors couvrir à la nage la distance de $\frac{\sqrt{2}}{2} \approx 0{,}707$ unités de longueur, tandis que le professeur court le long du trajet $A \to B \to C$ ou du trajet $A \to D \to C$, parcourant ainsi deux longueurs de piscine pour atteindre le point de sortie du garçon. Le professeur, qui est trois fois plus rapide, atteindra C quand le garçon n'aura accompli que $\frac{2}{3} \approx 0{,}667$ unités de longueur. Cette solution n'est donc pas la bonne : le professeur arrive en premier au point de sortie.

Il faut donc envisager des manœuvres en peu plus sournoises qu'une simple fuite en ligne droite. De toute façon, les gens qui essaient de sortir d'une piscine se dirigent généralement vers les bords, pas vers les coins. Essayons, par exemple, une sortie en M, milieu de $[BC]$. Le garçon doit parcourir à la nage seulement $\frac{1}{2} = 0{,}5$ unités de longueur. Le professeur n'a pas à courir beaucoup non plus : la longueur du trajet $A \to B \to M$ n'est que de 1,5 unités. Le professeur, étant trois fois plus rapide, arrivera juste à temps pour attraper le garçon en train de grimper sur le rebord de la piscine.

Le professeur a presque laissé le garçon s'échapper quand il se dirigeait vers M : s'il avait été à peine plus lent, le garçon aurait réussi à lui échapper. Ce constat nous suggère que :

- soit la vitesse du professeur est exactement la valeur minimum requise pour intercepter le garçon ;
- soit la vitesse du professeur est exactement la valeur maximum permettant au garçon de s'échapper.

Ceci complique un peu le problème, parce que la vitesse du professeur semble être vraiment sur le fil du rasoir. Si le professeur était légèrement plus lent, le garçon s'échapperait automatiquement en fonçant tout droit vers un bord. Au contraire, si le professeur était sensiblement plus rapide, il pourrait peut-être traquer le garçon, en ajustant son déplacement sur celui de sa proie. Ici le bon sens ne suffit pas pour prendre une décision ; nous devons nous en remettre au calcul.

Si le garçon se dirige vers un bord, le professeur doit courir de manière ininterrompue simplement pour rester dans la course. Autrement dit, le garçon force le mouvement de son professeur, juste en menaçant de se déplacer dans telle direction. Contrôler, à un certain point, les mouvements de son ennemi peut se révéler un outil puissant. Comment pourrait-on l'utiliser ?

Supposons que le garçon se dirige vers le point M, milieu de $[BC]$, à pleine vitesse. Le professeur n'a pas d'autre choix que de se mettre à courir vers B et ensuite vers M. Si le professeur change de direction, ou accompli n'importe quelle autre action, le garçon n'a qu'à continuer à nager et il atteindra le point M en premier. Mais le garçon n'a pas besoin d'aller jusqu'au bord de la piscine – la simple menace de le faire suffit pour obliger le professeur à courir. La conséquence de tout ceci, c'est que le garçon peut créer une telle situation, en nageant à pleine vitesse pour atteindre un point intermédiaire X :

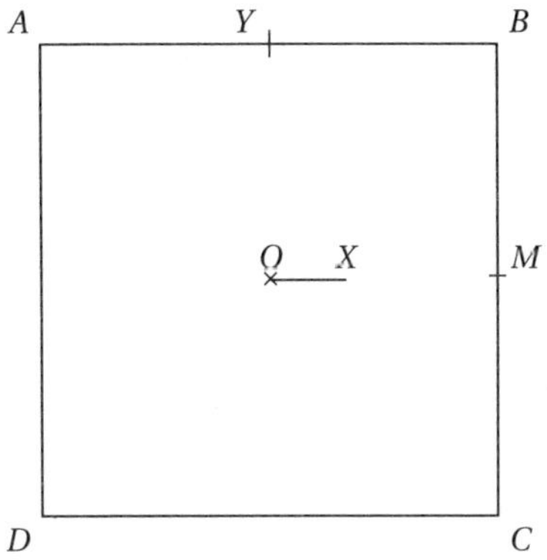

Le professeur doit se trouver au point Y (Y étant tel que $AY = 3OX$) : le professeur n'est pas assez rapide pour avoir dépassé ce point dans l'intervalle de temps où le garçon a atteint X et s'il n'est pas encore parvenu à Y en cet instant précis, le garçon n'a plus qu'à continuer sa route jusqu'à M pour échapper au professeur. Donc le professeur doit être en Y.

Pour le moment, le garçon est donc en X et son professeur est forcé d'être en Y. Est-il vraiment nécessaire de continuer jusqu'en M ? La menace qui consistait à se montrer capable d'aller en M a suffi pour faire venir le professeur où il se trouve actuellement, mais menace et réalité sont deux choses bien distinctes. Maintenant que le professeur est coincé sur le côté $[AB]$, pourquoi le garçon ne s'empresserait-il pas de se diriger vers le côté opposé $[CD]$? Il n'est qu'à une demi longueur du bord $[CD]$, et, à la différence de la première fois où nous avons examiné un tel cas, le professeur est très mal placé. En fait, on peut montrer facilement que si X est à moins d'un quart de longueur du point O, alors le professeur est trop loin pour espérer attraper le garçon. Finalement, le garçon s'échappe aisément.

EXERCICE 5.2. (⋆) Supposez maintenant que le professeur coure six fois plus vite que la vitesse à laquelle le garçon peut nager. Montrez qu'alors le garçon ne peut pas s'échapper. (*Indication.* Dessinez un carré de longueur $\frac{1}{6}$ centré en O. Dès que le garçon sort de ce carré, le professeur le rattrape sans difficulté.)

EXERCICE 5.3. (⋆⋆) Supposez la piscine circulaire et non carrée. Il est clair qu'alors le garçon peut s'échapper (en visant le point diamétralement opposé à l'endroit où se trouve le professeur). Mais que se passerait-il si le professeur était encore plus rapide ? Plus précisément, quelle devrait être la vitesse minimale du professeur pour qu'il parvienne à attraper le garçon ? Il faut posséder une bonne dose de créativité (ou une solide connaissance du calcul différentiel) pour la déterminer (cela revient à trouver la vitesse maximale qui permet encore d'établir une stratégie de sortie pour le garçon même si le professeur exécute un ensemble de mouvements parfaits). (On pourrait aussi poser le même problème pour la piscine carrée, mais il serait encore plus délicat que dans le cas circulaire.)

Chapitre 6

Exemples divers

Les mathématiques sont parfois représentées comme un gigantesque organisme, à l'image d'un arbre, se diversifiant en plusieurs grandes branches, qui, à leur tour, donnent naissance à des domaines spécialisés, dont les extrémités abritent les fleurs et les fruits.

À y regarder de plus près, il n'est pas du tout évident que les mathématiques se laissent ranger dans des compartiments si bien définis : il existe ainsi des régions floues entre les branches, mais aussi des parties situées à l'écart des ramifications classiques.

Les problèmes qui suivent ne sont pas vraiment tirés de la théorie des jeux, ni de la combinatoire, ni de la programmation linéaire. Ils sont là juste pour le plaisir.

PROBLÈME 6.1. (Taylor 1989, p. 25, Q5.) Sur une île, il y a des caméléons : 13 sont gris, 15 marrons et 17 pourpres. Si deux caméléons de couleurs différentes se rencontrent, alors ils prennent tous deux la troisième couleur (par exemple, si un marron et un pourpre se croisent, ils se transforment tous deux en gris). C'est le seul cas où ils changent de couleur. Est-il possible que tous les caméléons soient, tôt ou tard, de la même couleur ?

Il s'agit d'une question ouverte, notamment à cause de la précision « tôt ou tard » qui figure dans le problème. Nous devons donc décider si l'ensemble de toutes les combinaisons de couleurs possibles pour les caméléons comporte une configuration dans laquelle tous ces animaux ont la même couleur.

A priori, nous devrions tout d'abord considérer que la réponse est NON. Si la réponse était OUI, alors il y aurait une procédure automatique permettant d'atteindre le résultat. Ce qui ressemblerait plus à de la programmation qu'à des mathématiques pures. Or, la question est posée dans le cadre d'une compétition de mathématiques, donc il y a de fortes chances pour que ce ne soit pas la solution attendue. Essayons donc de démontrer que la réponse est NON.

Afin de démontrer ce résultat, il est certainement utile de savoir quelles sont les configurations qu'on peut atteindre en appliquant la procédure et quelles sont celles qui resteront hors de portée. Lorsque nous serons parvenus à trouver une règle, nous aurons quelque chose de précis à démontrer. Comme nous l'avons vu dans les chapitres précédents, résoudre un problème mathématique nécessite généralement de deviner un résultat intermédiaire, qui implique la conclusion souhaitée, sans être forcément logiquement équivalent à celle-ci. Même si, d'un point de vue purement mathématique, le nouveau problème peut paraître plus difficile à résoudre, en considérant les choses de manière pragmatique, l'objectif exprimé est alors mieux adapté aux données et permet de concentrer nos efforts dans une direction plus précise. Par ailleurs, en nous attachant à exprimer une conclusion plus générale, nous ferons disparaître les informations superflues.

Prenons un exemple simple en supposant que, sur un échiquier, nous avons un fou placé dans un coin (un fou se déplace uniquement en diagonale), et que nous devions montrer qu'il n'arrivera jamais à atteindre un des coins adjacents (c'est-à-dire un des deux coins non situés sur la diagonale où il se trouve). Plutôt que d'essayer de démontrer ce résultat, nous pourrions prouver que « le fou reste toujours sur des cases de même couleur », ce qui est d'une portée plus générale. (Un échiquier est un plateau comportant des cases sombres et claires, en alternance.) En toute logique, il y a davantage à démontrer dans cette dernière proposition ; mais la manière de procéder apparaît maintenant très clairement (chaque mouvement du fou l'amène sur une case de la même couleur que la case de départ. Par conséquent, aucune succession de déplacements ne permettra au fou de quitter la couleur qu'il occupait au début).

Cela étant, commençons par adopter des notations convenables (à base de nombres et d'équations). À tout moment, les seuls éléments vraiment importants sont le nombre de caméléons gris, le nombre de marrons et le nombre de pourpres. (Le problème, tel qu'il est énoncé, n'autorise pas d'autres couleurs pour les caméléons.) Nous pouvons parfaitement représenter cette information à l'aide d'un vecteur tri-dimensionnel. L'état initial de l'ensemble des caméléons s'écrit alors $(13, 15, 17)$ et la question est de savoir si nous pouvons atteindre un des états $(45, 0, 0)$, $(0, 45, 0)$ ou $(0, 0, 45)$ en appliquant la procédure de changement de couleur. Cette opération consiste à soustraire 1 à deux des coordonnées tandis qu'on ajoute 2 à la troisième. Nous avons donc ici une formulation vectorielle, ce qui est une façon d'attaquer le problème.

(Voici une brève description de la démonstration vectorielle : soit $a = (-1, -1, 2)$, $b = (-1, 2, -1)$ et $c = (2, -1, -1)$. La rencontre de deux caméléons est alors représentée par l'addition de l'un des vecteurs a, b ou c au « vecteur d'état » actuel. Par conséquent, toutes les configurations que le système peut atteindre présentent des expressions vectorielles de la forme $(13, 15, 17) + la + mb + nc$, où l, m et n sont des entiers naturels. Dans ces conditions, tout ce qu'il nous reste à faire c'est de montrer qu'un vecteur tel que $(45, 0, 0)$ ne peut s'écrire sous la forme précédente. Il ne s'agit plus que d'un simple problème d'application de la règle. de Cramer, ou encore de manipulations élémentaires d'équations diophantiennes.)

Cherchons une méthode plus élégante, comme nous l'avons suggéré plus haut : trouver toutes les combinaisons de couleurs possibles pour les caméléons. Remarquons tout d'abord que le nombre total de caméléons reste le même. Cela ne nous aide pas beaucoup dans ce cas (bien que parfois, dans des problèmes similaires, il puisse s'avérer très pertinent de s'intéresser au total d'une population). Ensuite, nous savons que deux caméléons de couleurs différentes « se mélangent » pour donner deux caméléons d'une autre couleur. Nous devons nous concentrer sur ce processus de mélange. Par exemple, lorsque deux cuves d'eau, de tailles différentes, sont reliées par leurs bases, les niveaux d'eau « fusionnent » en une position intermédiaire. Mais la quantité totale d'eau reste la même. Pourrions-nous dire alors que, d'une certaine manière, la « quantité totale de couleur » reste constante ?

Bien évidemment, il nous faut déjà définir la notion de « quantité totale de couleur » afin de pratiquer de vraies mathématiques. Prenons, à titre d'exemple, un caméléon gris et un caméléon pourpre qui « se mélangent » pour donner deux caméléons marrons. Si nous disons, par exemple, que gris a un « score-couleur » de 0, que marron a un score-couleur de 1 et que pourpre a un score-couleur de 2, alors la « quantité totale de couleurs » est préservée dans le cas que nous examinons. (Un 0 et un 2 se fondent en deux 1.) Mais notre tentative échoue lorsqu'on « mélange » un caméléon pourpre et un marron, par exemple. Il semble bien qu'aucun système de points ne puisse satisfaire les trois cas de figure possibles (ni même seulement deux).

La difficulté est liée à la nature cyclique des opérations. Mais n'abandonnons pas pour autant ! Un essai partiellement réussi (ou partiellement raté) peut se révéler comme l'un des éléments d'une approche réellement triomphale. (Encore une fois, il ne s'agit pas non plus de se montrer trop enthousiaste au sujet d'une réussite insignifiante.) Pensons aux trois couleurs primaires, rouge, vert et bleu. Imaginons qu'un rayon de lumière rouge rencontre un rayon vert : nous obtenons alors un rayon jaune doublement lumineux, c'est-à-dire un rayon « complémentaire de bleu ». Les couleurs primaires sont cycliques elles aussi. Pouvons-nous tirer profit de cette analogie lumineuse ?

La seule différence avec notre problème, c'est que, dans le cas de la lumière, rouge et vert se combinent pour donner la couleur complémentaire de bleu et non du bleu. Mais attendez ! Une approche basée sur l'arithmétique modulaire nous permettrait en quelque sorte de rendre le complémentaire de bleu identique au bleu. Avec cette idée en tête, examinons donc nos vecteurs $\pmod 2$: le vecteur de départ est alors $(1,1,1)$ et nous devons l'empêcher d'aller jusqu'à $(1,0,0)$, $(0,1,0)$ ou $(0,0,1)$. Malheureusement, ça ne fonctionne pas. Mais maintenant, l'idée s'est frayé un chemin : nous pouvons essayer d'autres modules. Le module 3 nous vient rapidement à l'esprit (après tout, il y a trois couleurs cycliques). Nous pouvons donc revenir à nos deux tactiques pour résoudre le problème :

- (Approche vectorielle) Notre vecteur initial $(13,15,17)$ est égal à $(1,0,2) \pmod 3$ et les calculs prouvent que l'application de la règle de changements de couleurs ne peut conduire qu'aux vecteurs $(1,0,2)$, $(0,1,2)$ ou $(1,2,0) \pmod 3$. Or, ces derniers sont tous différents de $(0,0,0) \pmod 3$ qui correspondrait aux trois vecteurs finaux demandés $(45,0,0)$, $(0,45,0)$, $(0,0,45)$. l
- (Approche par la quantité totale de couleur) Notre première méthode pour calculer la « quantité totale de couleur » reposait sur l'attribution de points à chaque couleur. Maintenant que nous savons qu'il faut utiliser les congruences, pourquoi ne pas envisager les scores modulo 3 ? Disons que gris correspond à $0 \pmod 3$, marron à $1 \pmod 3$ et pourpre à $2 \pmod 3$. Ça marche : le score total reste constant (parce qu'aucune des trois possibilités de mélange des couleurs ne

change le total des points – essayez vous-même). Le score total initial est $13 \times 0 + 15 \times 1 + 17 \times 2 = 1 \pmod 3$, alors que les scores associés aux trois objectifs (45 gris ou 45 marrons ou 45 pourpres) sont égaux à $0 \pmod 3$.

EXERCICE 6.1. Six musiciens sont rassemblés lors d'un festival. À chaque concert, certains des musiciens jouent sur scène tandis que les autres font partie du public et écoutent. Quel nombre minimal de concerts les organisateurs doivent-ils programmer pour que chaque musicien puisse écouter, en tant que spectateur, tous les autres musiciens ? (*Indications.* Bien évidemment, personne ne peut écouter tout le monde en un seul concert, donc il faut strictement plus d'un concert pour couvrir toutes les « possibilités d'écoute »... Réfléchissez-y, pensez aussi à la notion de « comptage de points » et vous obtiendrez une estimation raisonnable de la borne inférieure du nombre de concerts nécessaires. Trouvez ensuite un exemple permettant d'atteindre cette borne inférieure et vous aurez la solution.)

EXERCICE 6.2. Trois sauterelles sont en équilibre sur un fil. À chaque seconde, une (et une seule) sauterelle bondit au-dessus d'une autre. Montrez qu'au bout de 1985 secondes, les sauterelles ne pourront se retrouver dans leur configuration de départ.

EXERCICE 6.3. Supposez que quatre pions d'un jeu de dames soient disposés dans un carré de côté un. Supposez aussi que vous puissiez réaliser un nombre illimité de mouvements dont chacun consiste à faire sauter l'un des pions par-dessus un autre de telle façon que le nouvel emplacement du pion déplacé soit situé à la même distance de l'autre pièce qu'au départ (mais dans la direction opposée, bien sûr). Pour les sauts, il n'y a pas de limite relativement à la distance séparant les deux pions concernés. Est-il possible de déplacer ces pions de manière qu'ils se trouvent tous dans un carré de côté deux? (Il existe une solution de ce problème particulièrement élégante si vous le considérez comme il faut.)

PROBLÈME 6.2. (IMO 1974, Prob.1.) (⋆) Alice, Betty et Carole passent la même série d'examens. À chaque examen, il est attribué une note x, une note y et une note z, où x, y, z sont des entiers naturels non nuls, fixés et distincts. À la fin de la période d'examens, les totaux obtenus sont les suivants :

Alice : 20, Betty : 10, Carole : 9.

Sachant que Betty a été classée première à l'épreuve d'algèbre, qui est classée deuxième à l'épreuve de géométrie?

Il y a vraiment très peu d'informations dans cet énoncé : il semble bien que nous ne sachions pas grand-chose de plus que le total final. Mais comment peut-on déterminer les notes obtenues à chaque épreuve en partant uniquement d'un total? En fait, nous pouvons peut-être y arriver car nous disposons de quelques données supplémentaires. Tout d'abord, à chaque passage d'une épreuve (et nous ne savons pas encore combien d'examens ont été passés), une des filles a obtenu la note x, une autre a eu un y et la dernière un z. Ce sont des données assez étranges. Comment les exploiter?

Dans un premier temps, nous pouvons essayer de les relier à la troisième information, à savoir que Betty était première en algèbre. Ce qui veut dire que Betty a obtenu la meilleure note parmi les trois choix x, y et z. Pour nous simplifier la vie, disons que x est la note la plus haute et que z est la plus basse : ainsi $x > y > z$ (puisque x, y et z sont des entiers distincts). Nous n'y perdons rien et nous gagnons en simplicité : nous pouvons maintenant dire que Betty a obtenu x points en algèbre.

En revanche, nous ne connaissons toujours pas les diverses possibilités pour les autres examens. Par exemple, en géométrie, Alice aurait pu avoir z, Betty x et Carole y ou alors Alice aurait eu un x, Betty un y et Carole un z. Est-ce que quelque chose reste stable au milieu de toutes ces possibilités ? Oui : le score total à chaque examen reste constant. Peu importe comment les notes x, y et z se répartissent, le score total de l'examen sera toujours égal à $x + y + z$. Que savons-nous de plus au sujet de ce score total ? Eh bien, nous savons que le total de tous les examens est $20 + 10 + 9 = 39$ et nous obtenons donc

$$N(x + y + z) = 39,$$

où N désigne le nombre d'examens. Nous avons maintenant une formule contenant le nombre d'examens, dont nous ne savions pas grand-chose auparavant. Voilà qui devrait s'avérer utile.

Toutefois, une équation isolée ne paraît pas suffisante. Nous devons cependant garder à l'esprit que les nombres N, x, y, z sont des entiers strictement positifs, pas des nombres réels. De plus, nous avons une quatrième hypothèse : x, y et z sont distincts. Cette artillerie va nous permettre de réduire les possibilités dans l'équation précédente.

Ainsi, nous savons que N, x, y et z sont des entiers strictement positifs, et donc que l'équation ci-dessus est de la forme

$$\text{(entier strictement positif)} \times \text{(entier strictement positif)} = 39.$$

Par conséquent, N et $x + y + z$ sont des diviseurs de 39. Or les seuls diviseurs de 39 sont 1, 3, 13 et 39. Nous avons donc quatre possibilités :

(a) $N = 1$ et $x + y + z = 39$.
(b) $N = 3$ et $x + y + z = 13$.
(c) $N = 13$ et $x + y + z = 3$.
(d) $N = 39$ et $x + y + z = 1$.

Mais elles ne tiennent pas toutes la route. La possibilité (a), par exemple, indique qu'un seul examen a été passé. Cela va à l'encontre du sens de la question posée, laquelle implique qu'il y a eu au moins deux examens (d'algèbre et de géométrie). De même, les possibilités (c) et (d), sans parler du fait qu'il serait suicidaire de passer autant d'examens, ne peuvent fonctionner car x, y et z sont distincts et strictement positifs (et que cela oblige la quantité $x + y + z$ à atteindre au moins six). Par conséquent, la seule possibilité à n'avoir pas encore été éliminée est (b) ; ainsi, il a nécessairement dû y avoir trois examens et $x + y + z = 13$.

Nous avons bien moins de possibilités maintenant. Mais nous ignorons toujours deux choses qui devraient être importantes : nous ne connaissons pas les valeurs exactes de x, y et z ; et nous ne savons pas quelles sont les notes des étudiantes à chacun des examens. La première question est partiellement résolue par le fait que x, y et z sont des entiers strictement positifs distincts dont la somme est égale à 13, tandis qu'on peut répondre à une partie de la deuxième question puisqu'on sait que Betty a obtenu x en algèbre. Comment pouvons-nous améliorer ces résultats partiels ?

Pour l'instant, le seul élément d'information qui n'a pas été complètement exploité est le total des scores individuels. En examinant ces scores, nous constatons qu'Alice a mieux réussi que Betty et Carole, ce qui implique qu'elle a probablement obtenu des notes plus élevées (donc plutôt des x et des y) dans chaque épreuve. Toutefois, Betty a fini première lors d'un examen, donc Alice n'a pas pu obtenir que des x. Dans le meilleur des cas, elle aura eu deux x et un y. De même, il est peu probable que Carole ait obtenu la note maximale x lors d'un examen et il est plus vraisemblable que ses notes aient été surtout des z. Pouvons-nous convertir ces spéculations en mathématiques sérieuses ?

La première réponse est « peut-être ». Prenons les notes d'Alice, par exemple. Au mieux, elle peut obtenir un total de $2x + y$. Peut-être pouvons-nous démontrer qu'elle a obtenu exactement $2x + y$; après tout, Alice a mieux réussi que n'importe laquelle des autres filles : 20 est supérieur à 10 et à 9. Quelles sont les autres possibilités pour les notes d'Alice ? Ce sont $2x+z$, $x+2y$, $x+y+z$, $x+2z$, $3y$, $2y+z$, $y+2z$ et $3z$. Les derniers termes de la liste semblent trop faibles pour pouvoir atteindre 20 : avec un peu de chance, ils pourront être éliminés. Mais pour le démontrer rigoureusement, nous devons définir des bornes supérieures convenables pour x, y et z. Voilà donc notre prochaine tâche : borner x, y et z de manière à éliminer plusieurs possibilités.

Tout ce que nous savons c'est que x, y, z sont des entiers strictement positifs, que $x > y > z$ et $x+y+z = 13$. Mais c'est bien suffisant pour poser des limites correctes sur x, y et z. Attaquons-nous à z, par exemple. La note z ne peut pas être trop élevée, parce que sinon x et y devraient être encore plus hautes et la quantité $x+y+z$ dépasserait probablement 13. Pour être plus précis : y est supérieure à $z+1$ et x est supérieure à $z+2$, donc

$$13 = x+y+z \geqslant (z+2)+(z+1)+z = 3z+3,$$

ce qui implique $z \leqslant 3$. Pour l'instant, cette borne $z \leqslant 3$ est la meilleure qu'on puisse trouver en l'absence de plus d'information, parce qu'il y a la combinaison $x = 6$, $y = 4$, $z = 3$.

Essayons maintenant de faire la même chose avec y. Nous pouvons réaliser quelque chose de similaire, en minorant x par $y+1$. En revanche, tout ce que nous pouvons dire au sujet de z c'est qu'elle est minorée par 1. Mais c'est suffisant : nous obtenons

$$13 = x+y+z \geqslant (y+1)+y+1 = 2y+2,$$

donc $y \leqslant 5$. Cette fois encore, il s'agit de la meilleure majoration possible : considérez le cas $x = 7$, $y = 5$, $z = 1$.

Enfin, nous pouvons limiter les valeurs possibles pour x : z est supérieur à 1 et y est supérieur à 2, donc $13 = x+y+z \geqslant$

$x + 2 + 1$, ce qui entraîne $x \leqslant 10$. Et c'est la meilleure valeur possible, puisqu'il y a la combinaison $x = 10$, $y = 2$, $z = 1$.

Nous savons donc ceci : $z \leqslant 3$, $y \leqslant 5$ et $x \leqslant 10$. Mais nous pouvons faire encore mieux. Souvenez-vous que Betty a obtenu un x et deux autres notes. Puisque Betty n'a totalisé que 10 points, nous déduisons que x ne peut pas être aussi élevée que 10. Ça signifierait que Betty n'aurait reçu aucun point dans les deux autres épreuves, ce qui est impossible : nous savons que les résultats sont des entiers strictement positifs. En fait, x ne peut même pas prendre la valeur 9, sinon Betty aurait pris un seul point en passant deux épreuves : ça voudrait dire qu'une note à l'un des deux examens était nulle, ce qui serait une nouvelle contradiction. Donc en fait, nous avons $x \leqslant 8$. Maintenant nous pouvons procéder à une sérieuse purge ; en fait, on peut même voir facilement que l'unique possibilité pour le score total d'Alice est $2x + y$: parmi les autres combinaisons de notes, aucune ne peut atteindre un total de 20. Par exemple, $2x + z$ est au plus égal à $2 \times 8 + 3 = 19$.

Ainsi, Alice a reçu deux x et un y. Puisque Betty a obtenu un x en algèbre, Alice a forcément eu la note y lors de la même épreuve. Nous pouvons placer ces résultats, et toutes les autres informations dont nous disposons, dans un tableau :

Épreuves	Alice	Betty	Carole	Total
Algèbre	y	x	?	13
Géométrie	x	?	?	13
Autre	x	?	?	13
Total	20	10	9	39

Nous pouvons maintenant voir que Carole a forcément obtenu un z en algèbre, puisque c'est la seule note qui reste.

Nous nous rapprochons du but ; nous savons que la personne qui est arrivée deuxième en géométrie avec la note y est soit Betty, soit Carole. Mais nous n'avons pas encore tout à fait fini. En examinant la colonne d'Alice dans le tableau, nous découvrons un autre élément d'information, à savoir que $y + x + x = 20$. En nous rappelant que $x > y$ et $x \leqslant 8$, il ne nous reste plus que deux solutions : $x = 8$, $y = 4$ ou $x = 7$, $y = 6$. Mais comme $x + y + z = 13$, nous ne pouvons pas avoir $x = 7$, $y = 6$, sinon cela impliquerait $z = 0$. Par conséquent, nous pouvons seulement avoir $x = 8$, $y = 4$, ce qui entraîne $z = 1$. Ainsi, en déterminant complètement les valeurs de x, y, z, nous venons de réaliser une avancée très importante. Nous pouvons maintenant mettre notre tableau à jour :

Épreuves	Alice	Betty	Carole	Total
Algèbre	4	8	1	13
Géométrie	8	?	?	13
Autre	8	?	?	13
Total	20	10	9	39

Il est alors facile de voir que Betty doit avoir obtenu la note $z = 1$ aussi bien en géométrie qu'à l'autre épreuve, tandis que Carole a forcément eu $y = 4$ à ces mêmes examens. Finalement, la réponse est que Carole a été classée deuxième en géométrie.

PROBLÈME 6.3. (Taylor 1989, p. 16, Q3.) Deux personnes s'affrontent dans un jeu autour d'une tablette de chocolat constituée de 60 carreaux répartis dans un rectangle de dimensions 6×10. Le premier joueur casse un morceau de la tablette, le long des rainures, et le retire (ou le mange). À son tour, le deuxième joueur casse un bout de la partie restante et retire son morceau. Le jeu se poursuit jusqu'à ce qu'il reste un seul carreau. Le gagnant est celui qui laisse l'autre personne avec ce dernier carreau. Quel joueur dispose d'une stratégie gagnante ?

Au passage, on peut prouver facilement que dans tous les jeux de réflexion de type fini, l'un des joueurs dispose d'une stratégie gagnante (ou de match nul). Ce qui se démontre par récurrence sur la longueur maximum du jeu. Même les échecs ont ce genre de restriction, bien que personne n'ait encore trouvé une telle stratégie, d'aucuns pensant qu'elle est extrêmement compliquée. Puisqu'il n'y a pas de match nul dans le jeu proposé, l'un des joueurs doit avoir une stratégie gagnante parfaite. Mais lequel ?

Ramenons tout d'abord le problème du chocolat aux mathématiques. Nous pouvons commencer en formalisant la procédure de fracturation de la tablette. Quiconque a déjà brisé une tablette sait certainement que la seule façon d'y arriver c'est de le faire selon deux rectangles, et non pas en quelques zigzags ou morceaux de rectangles. Fondamentalement, nous réduisons la tablette 6×10 en un rectangle plus petit mais en conservant une des dimensions (voir la figure, où la ligne de rupture est indiquée en pointillés), c'est-à-dire que le chocolat est rompu en un morceau de même largeur mais moins long, ou de même longueur mais moins large. Par exemple, sur la figure ci-dessous, la tablette 6×10 est brisée en une barre 6×7 (le morceau 6×3 étant retiré ou mangé).

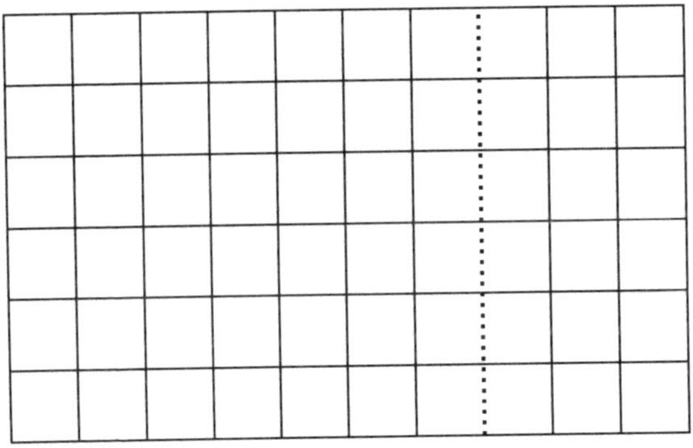

Il nous faut maintenant une notation pour ce rectangle, de préférence à base de nombres. Comment fait-on pour décrire une tablette de chocolat avec des nombres ? Ce qui vient spontanément à l'esprit, c'est d'indiquer la longueur et la largeur de la tablette. Ainsi, notre morceau original serait une tablette 6×10, ou peut-être $(6\,;10)$ en notation vectorielle. La position du morceau de chocolat n'a pas d'importance ; seule compte sa taille. Notre objectif est de laisser l'autre joueur avec $(1\,;1)$. Les règles ? Nous pouvons diminuer la largeur ou la longueur, mais pas jusqu'à zéro ou jusqu'à nombre négatif. Par exemple, à partir d'une tablette $(6\,;10)$, nous pouvons arriver à l'une des configurations suivantes :

$$(6\,;1),\ (6\,;2),\ (6\,;3),\ldots,(6\,;9),\ (1\,;10),\ (2\,;10),\ (3\,;10),\ (4\,;10),\ (5\,;10).$$

En résumé, nous pouvons nous déplacer dans le plan xOy horizontalement vers la gauche ou verticalement vers le bas. Le graphique suivant illustre cela d'une manière abstraite, en mettant en évidence deux des états qu'on peut atteindre en démarrant du point de coordonnées $(6\,;10)$:

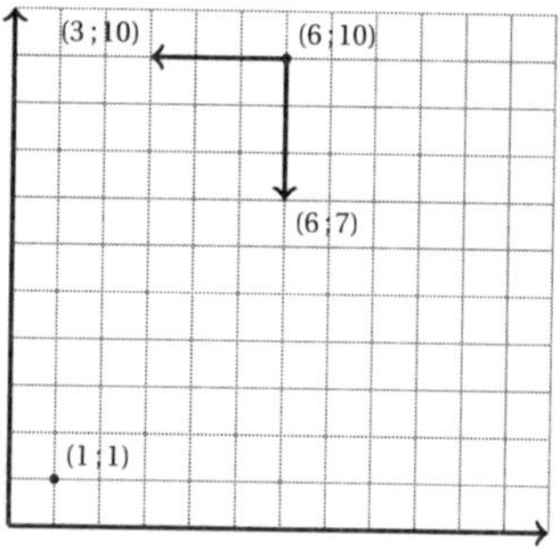

À présent que nous disposons d'un joli modèle pour notre tablette de chocolat, nous pouvons reformuler le problème mathématiquement (mais d'une manière moins appétissante) :

> Deux joueurs déplacent, chacun leur tour, un point sur un réseau quadrillé, d'un nombre entier de pas soit vers la gauche, soit vers le bas. Le point ne peut traverser les axes et se trouve en position (6 ; 10) au départ. Le gagnant est celui qui atteint (1 ; 1). Qui dispose d'une stratégie gagnante parfaite ?

Nous pourrions encore le dire autrement :

> Deux joueurs enlèvent, chacun leur tour, des jetons placés sur deux lignes. Chaque joueur doit prélever des jetons de la ligne du dessus ou de celle du dessous, mais pas les deux à la fois. Au départ, la ligne supérieure contient cinq jetons et la ligne inférieure en contient neuf (ce qui représente le point (6 ; 10)). Le gagnant est celui qui prend le dernier jeton. Qui dispose d'une stratégie gagnante parfaite ?

Cette dernière formulation est un peu différente car on a enlevé 1 des lignes supérieure et inférieure. Cela devrait donner un indice précieux à toutes les personnes qui sont familières du jeu de Nim; celles-là résoudront le problème aisément maintenant. Mais nous pouvons venir à bout des difficultés sans connaître nécessairement ni le jeu de Nim ni la théorie qui lui est associée.

Nous disposons désormais d'un codage et d'un modèle mathématique abstrait. Ce qu'il faut maintenant, c'est bien saisir le problème. Les complications proviennent du fait que la tablette 6×10 offre de multiples possibilités. Nous ferions bien de démarrer en considérant une tablette plus petite afin de faire quelques expériences. Prenons donc une tablette 2×3 pour commencer.

Dans ces conditions, le premier joueur peut laisser derrière lui l'une des tablettes suivantes : 1×3, 2×2, 2×1. Les cas 1×3 et 2×1 constituent des coups stupides car alors le second joueur n'aurait qu'à tout enlever à l'exception du carré 1×1 pour gagner. Le premier joueur devrait donc laisser une tablette

2×2 après son coup. Maintenant, le second joueur est obligé de laisser un morceau 1×2 ou 2×1, et le premier joueur brise simplement celui-ci en deux, laissant le carré 1×1 et remportant ainsi la partie. Donc le premier joueur gagne avec une tablette 2×3.

Nous n'avons pas appris grand-chose, aussi considérons un autre exemple, disons une tablette 3×3. Dans ce cas, le premier joueur a plusieurs options : 1×3, 2×3, 3×2 et 3×1. La symétrie permet de ne pas s'occuper des deux derniers choix. 1×3 est idiot, car alors le second joueur n'a qu'à se saisir de tout le morceau à l'exception du dernier carré pour gagner. Mais 2×3 est tout aussi mauvais, car nous sommes ramenés au problème étudié dans le dernier paragraphe ! À présent, le second joueur n'a qu'à employer la stratégie que le premier aurait utilisé dans le paragraphe précédent : léguer une barre 2×2 en laissant le premier joueur sans autre choix que de la briser pour fournir une barre 1×2, que le second casse alors en un morceau 1×1 et gagne. Par conséquent, le premier joueur perd avec une tablette 3×3.

Nous avons résolu le problème 3×3 en nous servant du problème 2×3. Ceci suggère une approche inductive du problème général. Par exemple, supposez que nous voulions résoudre le problème 3×4 et que nous sachions déjà que, disons, les configurations 3×1, 3×2, 1×4 et 2×4 étaient gagnantes pour le premier joueur tandis que 3×3 était perdante pour lui. Dans le problème 3×4, la stratégie du premier joueur est alors de laisser un carré 3×3 au second, parce que c'est une configuration perdante à coup sûr pour ce dernier. La stratégie du premier joueur est donc de laisser le second en présence de morceaux dont les configurations amènent la perte de celui qui doit les briser. Mais pourquoi ces configurations seraient-elles forcément perdantes ? Parce que, quelle que soit la manière de les casser, elles deviennent des configurations gagnantes pour l'autre joueur. Et ces dernières configurations permettent de gagner à coup sûr parce qu'on peut les transformer, en les brisant, en configurations perdantes pour l'autre joueur, etc. Notre objectif est donc de déterminer toutes les configurations gagnantes ainsi que toutes les perdantes.

1×1 est évidemment une configuration perdante pour celui qui s'y trouve coincé ; elle ne peut être cassée, donc le jeu est fini. Les barres $1 \times n$ sont des configurations gagnantes (n strictement supérieur à 1), parce que le joueur peut alors laisser son adversaire avec le configuration perdante 1×1. Mais alors 2×2 est une configuration perdante, parce que le joueur laissera ensuite une barre 1×2, qui constitue à son tour une configuration gagnante pour l'adversaire. Par conséquent, nous avons établi que les barres $2 \times n$ (avec $n > 2$) conduisent à la victoire parce que nous pouvons ensuite laisser l'autre joueur avec la configuration 2×2, qui est perdante. Et ainsi de suite. Remarquons que :

- Si la configuration $a \times b$ est perdante, alors $a \times c$ (avec $c > b$) est gagnante, car celui qui brisera $a \times c$ pourra laisser l'autre joueur avec le morceau $a \times b$. Par exemple, comme nous avons montré que 3×3 était perdante, alors les configurations 3×4, 3×5, 3×6, etc., sont toutes gagnantes.
- $a \times b$ est perdante lorsque toutes les configurations qu'on peut atteindre à partir de celle-ci sont gagnantes pour l'autre joueur. Par exemple, 1×4, 2×4, 3×4, et, par symétrie, 4×3, 4×2, 4×1 sont toutes des configurations gagnantes, comme nous l'avons établi ci-dessus, donc 4×4 est forcément perdante.

On pourrait continuer à appliquer cette méthode systématiquement, jusqu'à atteindre finalement 6×10. Mais pourquoi ne pas raisonner de manière plus mathématique ? Il doit y avoir une structure donnant les configurations gagnantes et perdantes. Pour l'instant, quelles sont les configurations gagnantes et perdantes que nous connaissons ? Les configurations gagnantes que nous avons à présent déterminées sont :

	1×2	1×3	1×4	1×5	...
2×1		2×3	2×4	2×5	...
3×1	3×2		3×4	3×5	...
4×1	4×2	4×3		4×5	...

tandis que les perdantes déjà identifiées sont 1×1, 2×2, 3×3 et 4×4.

Voilà une preuve assez convaincante du fait que les seules configurations perdantes sont les barres $n \times n$ – c'est-à-dire les morceaux carrés – alors que toutes les autres sont gagnantes. Une fois que nous avons conjecturé ce résultat, nous n'avons même pas besoin de le démontrer (bien que vous puissiez le faire, par récurrence) : nous allons nous contenter de cette présomption. Souvenez-vous que nous voulons laisser à l'adversaire une configuration perdante. Une fois que nous avons deviné quelles sont les configurations perdantes, nous pouvons suivre une stratégie qui les imposera nécessairement au joueur adverse. Si cette stratégie fonctionne à chaque fois, alors c'est parfait. Sinon, c'est que notre conjecture était fausse. Pour récapituler, si notre conjecture est correcte, la meilleure stratégie consiste à laisser un carré à l'autre joueur. Ce qui veut dire que pour la tablette 6×10, le premier joueur dispose de la stratégie suivante :

> Casser la tablette de chocolat de manière à laisser un carré 6×6 (une configuration perdante pour le second joueur). Ensuite, quoi que le second joueur fasse, transformer la tablette en un carré. Par exemple, si le second joueur laisse une tablette 6×4, vous la recadrez en un morceau 4×4. Répéter la procédure, en laissant toujours à l'autre joueur une configuration carrée, jusqu'à ce que finalement vous léguiez à votre adversaire la formation 1×1 (le/la conduisant ainsi à la défaite).

Cette stratégie fonctionne vraiment, parce qu'à chaque fois que l'adversaire brise le carré, il obtient une configuration non carrée qui peut facilement être transformée à nouveau en un carré. De plus, comme la taille de la tablette de chocolat diminue, la conversion en un carré conduit nécessairement au carré 1×1. Et c'est ainsi qu'avec des mathématiques à moitié rigoureuses nous avons fini par obtenir une stratégie effective, ce qui est bien ce que nous cherchions.

Bref, voilà une approche classique lorsqu'il s'agit de résoudre des jeux de réflexion : déterminez toutes les positions gagnantes et perdantes, et ensuite, visez toujours une position gagnante. Tous les joueurs dignes de ce nom emploieront cette méthode, sauf qu'en général ils n'ont qu'une idée imprécise des positions gagnantes et perdantes ; ils ne connaissent que des positions « favorables » ou « défavorables ». Après tout, ne disons-nous pas d'un mouvement, par exemple aux échecs, qu'il est « bon » ou « mauvais » parce qu'il crée une situation favorable ou défavorable ? Peu de joueurs d'échecs réussiraient en déplaçant leurs pièces au hasard, ni sans essayer d'améliorer leur situation.

EXERCICE 6.4. Deux joueurs s'affrontent dans un jeu qui comporte 153 jetons. À tour de rôle, chaque joueur retire entre un et neuf jetons du plateau. Le gagnant est celui qui enlève le dernier jeton. L'un des joueurs, celui qui commence à jouer ou l'autre, a-t-il forcément une stratégie gagnante, et si c'est le cas, quelle est-elle ?

EXERCICE 6.5. Deux joueurs s'affrontent dans un jeu qui comporte n jetons. À tour de rôle, chaque joueur retire du plateau un nombre de jetons égal à une puissance de d. Le gagnant est celui qui enlève le dernier jeton. Pour les valeurs suivantes de d, déterminez les valeurs correspondantes de n pour lesquelles le premier joueur a une stratégie gagnante, et pour quelles valeurs de n le second joueur gagne.

(a) $d = 2$; (b) $d = 3$; (c) ($\star$) $d = 4$; (d) ($\star$) cas général.

EXERCICE 6.6. Reprenez l'exercice précédent, mais maintenant, l'objectif est de perdre, c'est-à-dire d'obliger l'autre joueur à prendre le dernier jeton. (Si on réfléchit correctement, la réponse vient facilement.)

EXERCICE 6.7. Imaginez une version tri-dimensionnelle du problème 6.3 où l'on démarre avec une tablette de dimensions $3 \times 6 \times 10$ et où on peut casser la tablette dans n'importe laquelle des trois dimensions. Quel joueur gagne et quelle est la stratégie gagnante ?

EXERCICE 6.8. (★★) Dans le jeu de Gomoku, les deux joueurs (Blanc et Noir) placent à tour de rôle un pion de leur couleur sur un plateau quadrillé de 19×19. Un joueur gagne si il ou elle parvient à aligner cinq pions (dans n'importe quelle direction) ; si toutes les cases du plateau sont remplies sans qu'il y ait d'alignement de cinq pions, le jeu est déclaré nul. Montrez que le premier joueur dispose d'une stratégie qui garantit au moins le nul. (*Indications.* Vous devez raisonner par l'absurde. Montrez que si le premier joueur ne peut forcer le nul, alors le second joueur a une stratégie gagnante. À présent, faites-en sorte que le premier joueur « vole » cette stratégie.)

PROBLÈME 6.4. (Shklarsky *et al.* 1962, p. 9.) Deux frères avaient vendu un troupeau de moutons. Chaque mouton fut vendu pour autant de roubles que le nombre de bêtes qu'il y avait au départ dans le troupeau. Ensuite, l'argent fut réparti de la manière suivante. Tout d'abord, le frère aîné prit 10 roubles, puis le plus jeune frère prit 10 roubles à son tour, ensuite l'aîné prit encore 10 roubles, et ainsi de suite. À la fin de cette répartition, le plus jeune des frères, dont c'était le tour, trouva qu'il restait moins de 10 roubles, donc il prit la totalité de la somme restante. Pour rendre le partage équitable, le frère aîné donna son canif au plus jeune, ce couteau valant un nombre entier de roubles. Combien coûtait le canif?

La première réaction devrait être que ce problème ne semble pas contenir suffisamment d'informations. Deuxièmement, l'énoncé ne paraît pas assez rigoureux. Mais il ne faut pas abandonner tout espoir avant d'avoir entrepris quelques tentatives pour le résoudre ; regardez le problème 6.2, qui offrait encore moins d'informations pour commencer mais qui a pu, malgré tout, être résolu.

Nous devrions démarrer en essayant de mettre le problème en équations. Pour cela, nous avons besoin de quelques variables. Remarquons tout d'abord que le prix du canif dépend en définitive du nombre de moutons, qui est la seule variable indépendante du problème (c'est-à-dire que la connaissance du nombre de moutons permet de déterminer tout le reste.) Supposons donc qu'il y avait m moutons dans le troupeau initial. Ils ont alors tous été vendus au prix de m roubles chacun et par conséquent, le produit de la vente s'élève à m^2 roubles.

Nous devons maintenant examiner comment fonctionne le système de répartition. Supposez que le bénéfice soit de 64 roubles. Le frère aîné en a d'abord pris 10, puis son cadet en a pris 10, etc. Il ressort de cette procédure que les quatre derniers roubles reviennent à l'aîné, et non au plus jeune, donc les conditions du problème ne sont pas respectées ici. Rappelez-vous qu'une des informations fournies par l'énoncé précisait que le plus jeune des frères était le dernier à empocher la monnaie. Comment traduire cela en langage mathématique ?

Pour exprimer mathématiquement le problème, nous avons besoin d'un certain nombre d'équations et de variables (c'est-à-dire suffisamment d'équations pour décrire la situation, mais pas au point d'engendrer confusion et redondance). Supposez que le jeune frère ait déjà pris n lots de 10 roubles avant d'être lésé. Dans ce cas, l'aîné aussi avait pris n lots de 10 roubles, ainsi qu'un autre tas de 10 roubles juste avant que son frère ne trouve plus assez de monnaie : disons qu'il restait seulement a roubles dans le dernier tas (a étant un nombre compris entre 1 et 9 inclus; la formulation du problème suggère bien que a n'est pas nul). Par conséquent, la somme totale, exprimée en roubles, doit vérifier

$$m^2 = 10n + 10 + 10n + a$$

soit

$$m^2 = 10(2n + 1) + a.$$

Mais quel est le rapport avec le canif? La variable – dépendante – que nous voulons déterminer est p, le prix du canif. Nous avons besoin d'une équation reliant p et quelque chose d'autre, idéalement m, qui est la variable indépendante. Récapitulons : avant l'échange du canif, l'aîné avait $10n+10$ roubles tandis que son jeune frère en possédait $10n + a$. Une fois le canif échangé, le profit du frère aîné n'est plus que de $10n + 10 - p$ et celui de son cadet s'élève à $10n + a + p$. Pour que le partage soit équitable, il faut que ces deux profits soient égaux. Écrire cette égalité conduit finalement à une équation reliant utilement p et a :

(19) $$a = 10 - 2p.$$

Nous pouvons maintenant plonger ce dernier résultat dans l'équation précédente pour aboutir à une relation entre p et les autres variables. Nous obtenons (en éliminant a au passage)

(20) $$m^2 = 20(n + 1) - 2p.$$

D'une manière ou d'une autre, nous devons utiliser ces équations pour déterminer p. On dirait bien qu'ici, il manque des informations, car les valeurs de m, n, ou a ne nous sont pas données. Comment allons-nous procéder pour réduire les recherches? La difficulté c'est qu'il y a beaucoup trop d'inconnues qui se baladent. Nous pouvons en éliminer certaines à l'aide des congruences. Par exemple, nous pouvons travailler (mod 20) dans l'équation (20) afin de supprimer n, en obtenant ainsi

$$m^2 \equiv -2p \pmod{20}.$$

Voilà qui nous rapproche de l'objectif consistant à calculer p, mais nous devons encore composer avec ce satané m. Heureusement, nous pouvons tirer parti du fait qu'en arithmétique modulaire, les carrés n'ont qu'un choix limité de valeurs distinctes. En effet, en nous plaçant (mod 20), les carrés ne peuvent prendre qu'une des valeurs suivantes : 0, 1, 4, 5, 9 ou 16. Autrement dit, nous avons

$$-2p \equiv 0,\ 1,\ 4,\ 5,\ 9 \text{ ou } 16 \pmod{20}.$$

En isolant p (et en nous rappelant que $2p$ est forcément pair) nous obtenons

$$p \equiv 0,\ 2,\ 8 \pmod{10}.$$

Ainsi nous sommes en possession d'une équation relative à p, bien que nous n'ayons pas encore été capables de l'évaluer avec exactitude. Tout ce qu'elle nous apprend, c'est que le canif pourrait valoir 0 roubles, 2 roubles, 8 roubles, 10 roubles, 12 roubles... Toutefois, le canif ne peut être trop cher, n'est-ce pas? Après tout, il manquait au jeune frère moins de 10 roubles... Poursuivre ces réflexions devrait vous rappeler que p est relié non seulement à n et m, mais aussi à a, et que a est contraint de rester entre 1 et 9. En examinant à nouveau (19), la contrainte impose $0 < p < 5$, et ce résultat, couplé à l'autre équation relative à p, fixe définitivement le prix du canif à 2 roubles. (Remarquez que cet argument fonctionne encore si nous autorisons a à prendre la valeur zéro.)

Curieusement, bien qu'il y ait assez de données pour déterminer le prix du canif, il n'y en a pas suffisamment pour trouver le prix de vente du troupeau ou le nombre de moutons. En fait, tout ce que nous pouvons dire de m, c'est que $m \equiv \pm 4$

(mod 20) ou $m \equiv \pm 6 \pmod{20}$; donc le nombre de moutons peut être égal à 4, 6, 14, 16, 24, 26, 34, 36,...

Dans ce genre d'énigmes, vous avez besoin de toutes les informations que vous pouvez obtenir. La meilleure façon consiste à mettre à plat toutes les données du problème et à écrire chaque élément séparément, par exemple comme ceci :

(a) le montant total réparti, en roubles, était un carré parfait;
(b) le petit frère a été lésé d'une partie de son dû;
(c) il a fallu compenser l'argent manquant par un canif.

On peut alors traduire mathématiquement ces faits, le plus rapidement possible :

(a) $m^2 = 10(2n+1) + a$;
(b) $0 < a < 10$;
(c) $a = 10 - 2p$.

On devrait toujours essayer de saisir tous les renseignements, même ceux qui paraissent futiles. Par exemple, j'aurais pu relever que n était nécessairement positif, ou encore que p devait probablement être strictement positif (pourquoi l'énoncé ferait-il référence à un canif qui ne vaut rien), qu'il y avait un nombre strictement positif de moutons, etc. Une fois que tout a été consigné dans des équations, les choses deviennent bien plus simples à manipuler correctement.

Bibliographie

Les livres, comme les amis, devraient
être peu nombreux et bien choisis.

Samuel Paterson, *Joineriana.*

[1] AMOC (Australian Mathematical Olympiad Committee) Correspondence Programme (1986 – 1987), Set 1 questions.

[2] Australian Mathematics Competition (1984), *Mathematical Olympiads : The* 1984 *Australian Scene*, Canberra College of Advanced Education, Belconnen, ACT.

[3] Australian Mathematics Competition (1987,) *Mathematical Olympiads : The* 1987 *Australian Scene*, Canberra College of Advanced Education, Belconnen, ACT.

[4] Borchardt, W.G. (1961), *A Sound Course in Mechanics*, Rivingston, London.

[5] Greitzer, S.L. (1978), *International Mathematical Olympiads* 1959 – 1977, (New Mathematical Library 27), Mathematical Association of America, Washington, DC.

[6] Hajós, G., Neukomm, G., and Surányi, J. (eds) (1963), *Hungarian Problem Book I, based on the Eötvös Competitions* 1894 – 1905, (New Mathematical Library 11), orig. comp. J. Kürschäk, trad. E. Rapaport, Mathematical Association of America, Washington, DC.

[7] Hardy, G.H. (1975), *A course of Pure Mathematics*, 10th edition, Cambridge University Press, Cambridge - UK.

[8] Pólya, G. (1957), *How to solve it*, 2nd edition, Princeton University Press, Princeton - USA. Traduction française : *Comment poser et résoudre un problème*, 2e édition, Dunod, (1965), Paris - France, Réédition Jaccques Gabay (2015), 5e tirage.

[9] Shklarsky, D.O., Chentzov, N.N., and Yaglom, I.M. (1962), *The USSR Olympiad Problem Book : Selected Problems and Theorems of Elementary Mathematics*, revd. and ed. I. Sussman, trad. J. Maykovich, W.H. Freeman and Company, San Francisco, CA.

[10] Tao, T., Blog : *https://terrytao.wordpress.com/* et pour les remarques au sujet du livre original *Solving Mathematical Problems : a personal perspective*, cf. *https://terrytao.wordpress.com/books/solving-mathematical-problems/*

[11] Taylor, P.J. (1989), *International Mathematics : Tournament of the Towns, Questions and Solutions, Tournaments* 6 *to* 10 *(*1984 *to* 1988*)*, Australian Mathematics FoundationLtd, Belconnen, ACT.

[12] Thomas, G.B. and Finney, R.L. (1988), *Calculus and Analytic Geometry*, Addison-Wesley, Reading, MA.

[13] Yaglom, I.M. (1962), *Geometric Transformations I*, (Anneli Lax New Mathematical Library 8), Mathematical Association of America, Washington, DC.

Index

Imprimé en France. - JOUVE-PRINT, 733, rue Saint-Léonard, 53100 MAYENNE
N° 2955709R - Dépôt légal : juillet 2020